北海岸來自溫帶的流浪者之歌

—避夏族的故事

陳玉峯

（上森公司生態顧問）

~心道法師、妙用法師、顯月法師、靈鷲山的修行者，以及楊國禎教
授、林聖崇先生的因緣故，我再度一觀北海岸生界。繼三年來東南
區櫟林的開天眼，本小冊還給北台「避夏族」的真面目，後人可以
開演北台靈性生態學~

誌謝

本書的調查、研撰、製作
及出版，承蒙

林聖崇先生　　　　玉成
釋妙用法師

題贈

倡導、力行靈性生態學的
心道師父

心道法師 序言

　　陳玉峰老師在台灣深入行腳，把台灣的生界植被呈現出它們生命與生態的演化連結點，不只是生態，是全部生命結構體的整體脈動，每一個生命跟生態系都息息相關連結成一體，這就是「生命共同體」。陳老師是深入了解這個連結點的！

　　我是從修行的真實性去深透到陳老師的這份領悟，從這個領悟裏面知道「生命共同體」彼此相依共存、多元共生。生態就是種子學，種子是養活生命的，所以在這當中，就是尊重它的價值：每一個生命都有生態的連結價值，所以要讓生命活下去、活得很好，就要尊重它生存的空間，它們就會分享它們的成果。要有生存空間，才能展現分享的成果！

　　陳老師是生命生態的代言人，他的講話代表生命的語言，他對整個生態關心到密不可分，所以他能夠感應它們的脈動語言，這些生命是認同的。這是很難的，是為序。

銘誌

　　妙用法師與筆者的因緣渺遠，神奇的是，透過妙用法師，聯結我前世的因緣心道法師，彌補了靈鷲山暨北台的楠海世界，塡補我撰寫《台灣植被誌》在東北角欠缺的一塊拼圖。我退休前後，發生的山林事件，讓我不得不虔信大化的巧妙安排，責成我畢生的志業一直在畫出一個個圓滿。1980 年，我帶著楊國禎教授（當時他是大二學生）在南仁山地毯調查，近年則反是，是他硬拉著我去「玩玩」，無論玉山行、隘寮北溪櫛樹行、東南區櫟林的救贖、西北部通霄冰河的孑遺區，等等，也就是我所遺漏的，台灣生界的重點或結構區，或前後四十餘年的流年對比，都在近年來畫下太極的迴旋圓圈，彷彿山川大地神靈牽引、觀音應現，反正不管怎麼形容、比喻，就是我必須完成台灣自然史的大成，這是我的榮耀、天責、宿命與修行！很幸運的是，在世間法、難行道上，長年的老戰友聖崇兄，在我退休後雲淡風清時，頻頻敦促我還有什麼該做、想做、能做的事，快樂地去做。沒有聖崇兄的挹注，我的許多書寫只能寫在虛空、草葉。託聖崇兄的美德、妙用法師法相莊嚴之福，讓我的書寫再圓一個圓！是爲誌。

目次

—海自為海，岸自為岸，為何叫海岸？

海岸總論篇

──海自為海，岸自為岸，為何叫海岸？

生物科學迄今研究認為，地球生命起源於海洋原生湯，約在38億年前產生了第一批的原始類細胞，經天悠地久的曠時演化，且在約 5.42~5.3 億年前期間，發生了所謂的「寒武紀」生物大爆發之後，成就了門綱林立、目科多元、種屬富饒的海洋生態系，另一方面，直到6億年前前後，也就是還處於「冰雪地球」的階段中，遠古的真菌類才出現在陸域，逐漸改變了陸域的環境條件。可能在大約4億年前，淺海或潮間帶海域的綠藻類等等，才踏上先鋒真菌類營造出來的陸域溫床，走向陸域生界的歧異大發散。

　　目前為止，人類對地球生界演進的發展所知，其實遠比冰山一角都不如，琳瑯滿目的種種理論，常常只是掛一漏萬的假說；所謂傑出或偉大的研究，一方面解決了特定時空下的某些突破，另一方面總是帶出更大、更多的困惑。

　　至少，陸域太多生物的遠祖來自海洋，幾乎是可以確定的事。

　　然而，陸、海卻是地球上兩大涇渭分明的生態系，海洋形成陸域生物的隔離機制（isolated mechanism），絕大部分寄生蟲的循環網，陸、海形同陰、陽兩界，互不干涉，海岸地帶也變成陸域植物等，生存的艱困環境，形成侷限一窄帶特化的生物群，在生界的舞台上，傳承著美麗與哀愁，還有表象之內的某些奧義。

　　福禍、是非、黑白、一切二元對立的概念之上，潮汐來回、生滅輪替，古代禪師的譬喻：「處萬頃波濤，海自為海；岸自為岸」，你可以由字面看、由易滑動的種種象徵或聯想去解釋，放下找什麼「正確答案」的窠臼，直觀也是很好的心念流動。

　　生物學家問了幾個世紀的演化大議題：「為什麼會有生命的多樣性？」；《華嚴》自問自答：「根性是一，緣何有種種差別？」讓我們一觀海岸生界。

1、潮汐

　　由於天體之間的萬有引力，離我們之間最近的月球及太陽牽動著海水的潮汐，還有地球本身的自轉等等，影響著海平面的永遠變化。因為月球較太陽接近，而萬有引力與星球的質量成正比，與兩者之間的距離平方成反比，因此計算下來，月球對潮汐牽動的力量大約是太陽的 2.17 倍。

　　46 億年前太陽系及地球誕生，卻有顆直徑大約是地球直徑一半大的天體跟地球相撞，噴飛出的一大塊地肉被拋到距離 1~2 萬公里遠處，因為萬有引力的平衡，開始繞著地球轉，這就是月球

2022年11月8日19:42台中所拍攝的「血月」。

2022年11月8日20:35月全蝕（血月）之後的月球。

的誕生，而就是這麼一大撞，把地軸撞歪了，加上地球與月球彼此的雙星運動，地軸等變動的周期等，就一直處在動態平衡中。

有電腦模擬推估，20億年前，月球與地球相隔38,624公里，月球每天環繞著地球轉了3.7次。如果那時候地球具有現在一樣的海洋，那麼20億年前，地球的潮汐高度是現今的一千倍。地球由於潮汐、海水波動，減緩了自轉的速度，而地球的潮汐現象也讓月球愈來愈遠離地球。目前，月球每年大約離開地球3.8公分；目前，月球與地球相隔約384,472公里。

台灣的潮汐最大處落在西部的台中港附近，因為漲潮時海水從台灣海峽南北兩端流入，在中段相遇而增高；退潮時，由南北兩頭流出，則中段落個最低，所以潮差最大可能超過6公尺。

讓我們做個簡單的測度。

在台中港的沙灘一條線上每隔50公尺，插上一根有標尺刻度的竹竿，插了8根；每隔半小時使用高倍望遠鏡觀測漲潮海面

的高度，共計測量了 6 個半小時，測量當天的最低潮漲到最高潮
大約 6 小時 13 分鐘。

　　據此，就可得出該天一個漲潮過程的海面上升曲線圖。

　　茲將此次漲潮的肉眼所見，以照片呈現如下：

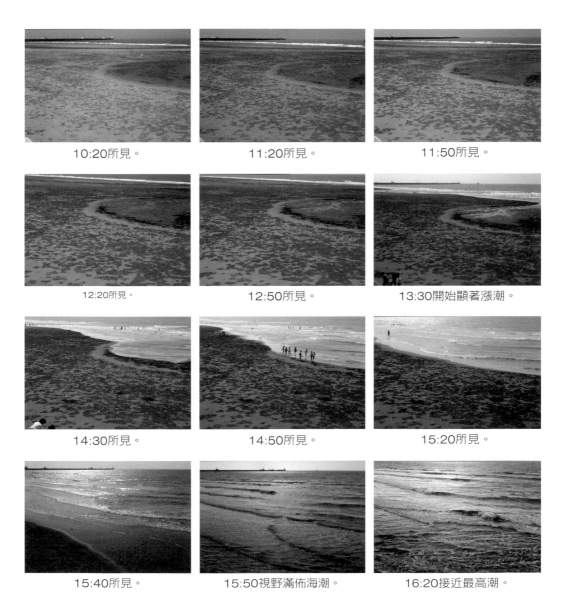

10:20所見。　　　　　11:20所見。　　　　　11:50所見。

12:20所見。　　　　　12:50所見。　　　　　13:30開始顯著漲潮。

14:30所見。　　　　　14:50所見。　　　　　15:20所見。

15:40所見。　　　15:50視野滿佈海潮。　　16:20接近最高潮。

2、浪跡與蟬殼

　　一般形成海浪的動力來自風力，是謂風浪，而波浪以近周期性的運動前進，能量就是沿著運動的方向傳遞過去，然而，水分子只有上下打滾，並沒有前進，因此，你丟個木頭或空瓶在海面上，波浪經過時，木頭、空瓶呈現上下運動及前後擺動，並不會平移或往波浪傳導方向前進。

　　與台灣有關的海盜林道乾的故事，發生在 1522～1566 年間。

　　1563 年，明國派俞大猷討伐林道乾，追趕到澎湖，林道乾逃入台灣。林所率領的海盜群，在台灣的惡行令人髮指，他們屠殺台灣的平埔原住民，如同殺雞般，收集原住民的血液，攪拌石灰，用來填補木船的空隙；他們割取原住民的頭髮，用來編製繩索，因此，有些原住民一看到這群海盜，一面逃跑，一面自割頭髮棄地，希望海盜撿拾頭髮而不再追殺。

　　據說林道乾最後藉水路，以海盜船逃到越南南部的海島。

　　其實，在鄭氏王朝前後期間，華人的海上武力足以征服整個東南亞，而且，在台灣的華人也有不少人往來於東南亞海域、海島謀生。

　　那等年代，古人在茫茫大海上，如何計算帆船（戎克船）走了多遠的距離？如何估算各海島之間有幾里？

　　一本古書《樵書》記載了測量的方法，古人就是利用波浪並未前進的原理實施測量。至於時間，以燒香配合日、夜來計算。

　　他們在船前進時，在船頭丟下木板，同時開始依走路的正常速率走向船尾。因為木板只在原地上下運動，當測量者走到船尾，看見木板依舊在原地（船尾旁），代表人行速度等同於船速；如果木片比人先到船尾，船速快於人行；反之，則反。如此，依比例，反覆計算出船走了多遠的距離。雖然很粗放，倒也有個譜。

　　波浪基本現象如此，然而風浪的能量最後何處去？

～感溫禪師帶著弟子遊山，看見一隻蟬破殼羽化後飛走了。弟子問：殼在此，蟬何處去？感溫抓起蟬殼，放在耳邊搖了幾下，口發蟬叫聲：嘰——。弟子豁然開悟～

　該弟子在問什麼？又悟了什麼？
　美洲有名的 17 年蟬，蟄伏地中成長 17 年，然後破土、上樹、蛻變，數億隻蟬鳴叫求偶、交配、產卵、死亡於短短幾天內，蔚為一時奇觀；另有 13 年蟬、台灣的 3~7 年蟬，從寒溫帶到熱帶縮短生命週期，生態學者提出了「質數」概念，拉長週期，避免在短期的週期被掠食者吃光的理論，這是脫胎於竹子開花結竹米被吃食，所發展出來的解釋，言之成理、未必究竟。
　理論之成理論死，這是知識系統的「宿命」，科學哲學宣稱科學只是時空下的暫時性典範的轉移，永遠會不斷被取代、更替；莊子說「知無涯」，所有在一般思維、邏輯範疇中的解釋因果關係，極致的發展結果是定理、定律，只能觸及到這裡，再上推，只好叫「公理」：無可置疑，卻還是假設性。因為到這裡為止，都在佛法所謂的第六識的範疇中，即令定理、定律、公理，還得面對「第一因」！
　禪悟指的是第六識、分別意識之上，乃至終極性第一因的自體證悟，語言、文字、邏輯、理論、定律、公理無法處理的境界。
　「蟬子何處去？」一般的解釋，相當於提問：生命死後，自性（靈魂）何處去？從古迄今，「答案」多如牛毛，都是說了等於沒說，無法說。「答案」的概念，停留在第六識。「覺悟」超乎答案之上、之下、之內、之外。
　質能不滅、一切守恆，無窮的大大小小的轉換、數不清層級的動態循環。海浪的動能主要來自風力，動能最後將很大的一部分用在灘地上搬動砂粒作砂畫！浪大則砂畫顯著；海嘯則面目全非。

波浪的動能在灘地刻劃。

退潮後再無能量改變砂畫地貌。

海浪的砂畫刻劃波浪的足跡。

依據含水量、視野角度,波痕樣貌大不同。

這些波浪狀似秩序、美感，一帶帶、一條條，從相同、相似的角度或程度看，都一樣；從不同處看，沒任何一條、一段相同。異中有同，同中各異。它們遵循著一定的加成、抵銷的動能守恆，成就一幅幅短暫，它們是各種環境因子、砂粒子各異的形狀及質量，在最後一道波浪消退時，短暫的平衡。砂粒之間的水分含量、恆在的重力牽引，接下來的風力、生物的活動、陽光的照射、不可逆料的機遇，或輕或重或恆定地，極為複雜的動態因素網網相牽、脈脈相連，而示現瞬息的因緣，而你的五官、五感、六識，聯結了何等的樣相，傳導、蛻變於更深層的意識之中，何等的內涵？何處、什麼是如如不動？

　　「金沙照影、玉女拋梭」；「龜毛長一丈，兔角長八尺」

　　陽光、陰影是物理現象，海灘波痕遵循著物化定律，因緣合和而成，當然是事物之實；龜、兔是二種動物，但烏龜沒有毛、兔子不長角，對本來沒有的東西繪聲繪影叫做「精緻的愚蠢」；一大堆影射、象徵的故事，無非要打破人們對心識的執著不放。「金沙照影、玉女拋梭」的原典是出自皇帝崇道、滅佛之後，人們對佛與道的比較心，而禪師以「金沙照影」比喻佛、以「玉女拋梭」暗寓道，只是在刺激人們要丟掉知識、認知的編織物，也就是不斷變遷的萬象萬法，並沒有永恆的實在。佛、道只是一個名詞或指月之指。

　　每個人從小到大到老，不斷學習知識、累積經驗，隨著時間、空間遭遇，不斷編織、累積成知識系統或經驗記憶海，是謂「自我」的內容，而每分秒、每天，「自我」的內容都在增刪、變遷。「自我」如同海灘上的波痕砂畫。

3、幽靈蟹如何「過堂」？

　　退潮過後的海灘漸漸出現生物的活動。數不清卻又乍看不見一物的動物當中，有一種指甲大小般的幽靈蟹開始進食。

　　何以中文俗名命名者要叫牠「幽靈」？牠體型小，蟹殼、節肢上盡是如同周遭砂灘色澤顆粒般的斑點，行動又甚為迅速，飛奔起來，簡直有若隱形於大灘地，擾亂覓食者的耳目。牠的形態

退潮後，出現在灘地的幽靈蟹。

幽靈蟹用餐後，搓揉成砂團。

與棲地息息相關，演化的巧手讓牠們在世世代代的傳承中與環境趨同。

幽靈蟹爬出洞穴，拋擲砂團的瞬間。

人們進食後，常會產生一些垃圾、殘肴，幽靈蟹恰好相反，牠撿拾砂礫間隙的有機碎屑吃食，清除後的砂礫則以口液及螯足搓揉成一個個砂團。

坊間說幽靈蟹機敏而行走速率達每秒 3~4 公尺，換算得時速 10.8 至 14.4 公里。台灣交通部規定，在自行車專用道上，單車時速不得超過 10 公里，或說，幽靈蟹爬上自行車專用車道將被罰款？

雖然牠形態融入環境，逃生速率以體形比例估算，是人類正常走路的 160 倍，但是牠還是會被鳥類吃掉；牠也具足人類心目中的「未雨綢繆」。牠在灘地覓食的方式是「打地洞」，在挖掘洞穴的過程中吃食有機碎片，做成砂團再運出

圖中這隻，以右大螯迅速地丟出一個變化球。

地面拋擲。如此一來，萬一有鳥類撲下來，牠可立即逃入洞穴。

於是，退潮後的灘地上每隔 1 個小時拍攝 1 張地面如下：

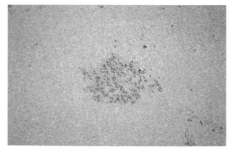

退潮後第1個小時，一個洞一隻蟹丟出的砂團。

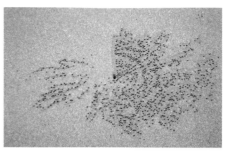

第2個小時。

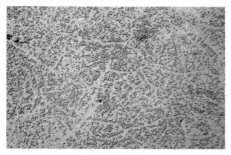

第3個小時。

第4～5個小時。

即將漲潮湮沒前。

漲潮第一道波浪融化了所有的砂團。

漲潮第一道波浪下走後，蟹洞入水、冒泡。

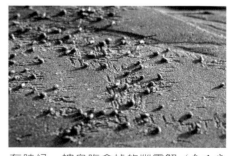

有時候，被鳥吃食掉的幽靈蟹（鳥爪痕跡），砂團不再增加。

4、台灣的海岸植被帶

　　台灣本島的海岸線長約 1,139 公里，估計在 1850 年之前可能更長。由於暖化；數十年來 151 條河川中、下游廣建攔砂壩；海岸大闢各類港口的突堤效應；陸域全面地下水的超抽；以及都會化大面積土地水泥化，數不清大大小小的干擾、污染或整治，造成台灣島愈來愈遠離自然度，各區域種種的平衡被打破，且連鎖牽動，目前及今後，台灣島的面積正在收縮、海岸線正在退後、海水不斷地滲入陸域沿海地下。

　　潮間帶、海岸線上下，構成了陸海交界，恆處於動盪的環境，而海岸的界說，主要由鹽度去界定。

　　就台灣的地形而言，廣義的海岸地區可以指面海的第一道山稜以下的範圍屬之；狹義的海岸地帶指海岸線上下的特定範圍，包括前岸與海灘。各類名詞、範圍及環境的限制因子如下圖所示：

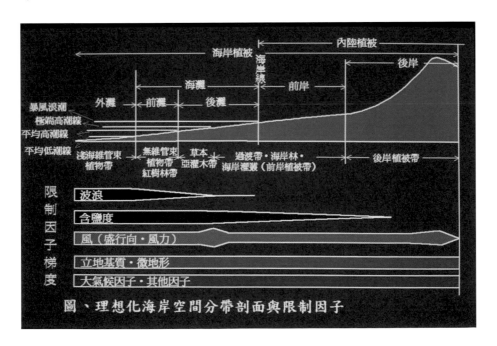

圖、理想化海岸空間分帶剖面與限制因子

關於俗稱的海邊植物，不妨給予生態學的定義（陳玉峯，1985；2023）如下：

A. **海灘植物**：凡一分類群之空間分布中心，位於後灘或生態等價之生育地，而消失於前灘及前岸或相當的生育地者，謂之海灘植物。其主要的限制因子為波浪、基質含鹽度；狹義而言，海灘植物即為後灘植物。

B. **前岸植物**：凡一分類群之空間分布中心，位於前岸或生態等價之生育地，而消失於後灘及後岸或相當的生育地者，謂之前岸植物。其主要的限制因子為基質含鹽度；同理而定義後岸植物。

C. **海岸植物**：凡一分類群之空間分布中心，位於海岸線兩旁或生態等價之生育地，而漸消失於面海第一道主山稜之後者謂之海岸植物。換言之，生態幅度較海灘、前岸植物為廣，但無法蓬勃發展於內陸環境。廣義言之，包括海灘及前岸植物。

D. **外灘植物**：凡一分類群之生育地無法離開外灘或淺海範圍，或生態等價處謂之。海水深度、日光、基質、波浪、風等，均為其限制因子；另可謂之「淺海鹽生植物」。

E. **海岸植被**：凡一地區之植被，其社會係以海灘植物、前岸植物、海岸植物，或前灘植物為優勢者謂之。換言之，可以上述植物作指標來辨識。

F. **內陸植物**：凡一分類群之空間分布中心，位於後岸之後的內陸或生態等價的生育地，且消失於海岸地區或生態等價地段者，謂之內陸植物。

上述定義主依空間分布、基質含鹽度等限制因子，以及植物族群的分布中心特性來劃分，另亦可依基質特性作輔助定義，例如山豬枷量化分布可視為海岸植物，但更明顯地，可作珊瑚礁岩指標，其可存在於後岸乃至內陸地區之珊瑚礁塊，故以「礁岩植

物」稱之；又如馬鞍藤之常態分布位於後灘，可謂典型的後灘植物，但可跨越空間分布至後岸，但其必須立地於砂土，故可稱「砂地植物」，雖然其存在的砂地係因為因子補償，且其他植物在該生育地的競爭能力較低之所致，然而，其依後灘植物即可界定。

西海岸的砂灘地。

　　關於實際分類群之劃歸何種生態群，必須詳實調查其存在的事實之後，才可做為本定義的內涵。

　　台灣海岸植被或植群主要可劃分為五大類：海灘植群、海崖植群、珊瑚礁岩植群、紅樹林及淤泥植群，再細分，還有礫灘植群等。

　　海岸的鹽分帶來生理乾旱，植物必須具備種種排鹽、吸收水分的功能才能存活；強烈光照、紫外線，加上海平面反光，造成海岸植物多具備臘質反光的葉面；強風及晝夜海陸風，特別是相對恆定型的東北季風，導致局部地理區、地形作用下，形成旗型樹等形相特徵，等等，對一般植物而言，海岸是嚴苛極端的環境。無獨有偶，台灣另一個極端的環境區便是高山岩稜、滾動岩塊地，風力或風隙作用也造成旗型樹等。

　　然而，生命會找出路，上蒼有厚生之德。

東海岸的海崖。

大安溪、大甲溪因礫岩錨定作用下,產生的淤泥地,形成如雲林莞草等特殊的淤泥植群。

/ 4-1 / 砂灘植群

　　流體力學的常態,海灣多聚砂;平直的海岸線由於岸上流砂較均勻的堆積,多形成海灘砂地。

　　理想化的灘地從岸上向海,地面形成一條平滑曲線,而灘地在距離平均高潮線的特定距離,通常是 50 公尺之後,開始出現

北海岸來自溫帶的流浪者之歌——避夏族的故事

海邊第一種植物馬鞍藤，隨著背海向陸的距離愈長，出現了海邊第二種植物，也是第一種灌木的海埔姜，有時候還有濱刺草等其他植物，一般這段落姑且稱為第一植物帶的寬度在 50 公尺以內，常常更短；接著出現第二植物帶，植物的株高稍高，物種有雙花蟛蜞菊等，視地區而有差異；然後，進入海岸灌叢帶如林投等；之後，可以是海岸林，但人們的土地利用幾乎剷除了全台的海岸林帶，只殘存破碎的植株。

　　以台灣的條件，若完全沒有人為的干擾，應該在 40 年內可以自然恢復海岸天然森林，但是，這種情況自 1970 年代迄今始終沒有發生。

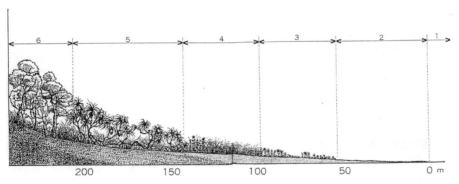

台灣典型化開闊沙灘地之植被風切面。

1、2：無維管束植物帶；3：第一植物帶，如馬鞍藤、濱刺草、海埔姜等等；
4：第二植物帶，如白茅、雙花蟛蜞菊等等；5：海岸灌叢帶，如林投、海檬果等等；
6：海岸灌叢或海岸林。

　　上舉砂灘典型植群剖面圖，可見隨著遠離海岸，植物的高度形成一條曲線，這條曲線比地表的曲線仰角漸次升高，也就是隨著背海距離愈遠，植群長得愈高。這是剖面，放大成整個海岸，則是一個曲面，謂之「風切面」。沒有植物可以超過「風切面」，直到前岸，風切面散掉，改由陸域其他地形因素左右風力等。

可想而知，海岸地區的人造物高度可別超過旁側、周遭最高的樹。

　　為什麼海岸植群會被形成風切面？

　　有個研究者去到綠島海邊施放煙霧，觀看東北季風如何吹送？他在 9 個地點放煙霧，包括平緩砂灘，到牛頭山的海崖頂，他宣稱的要點跟風切面有關者如下：

1. 海風吹到島嶼或陸域，大部分的風（空氣流動）都是平行海面吹送。

2. 海風接觸到逐漸升高的陸域砂灘，下層與砂灘接觸的氣流速率變慢，上層相對較快，於是下層氣流形成順時針的旋渦（以海域在左、陸域在右為例），旋轉的氣流一部分抵銷繼續前進的稍上層的氣流力道；一部分加強；一部分成複雜的亂流，整體而言，足以風剪植物芽梢的風面往岸上挺高，形成了風切面的曲面。

3. 到了海岸的林投灌叢時，由於林投的狹長葉片是在莖上螺旋生長，修長葉片的葉緣不等距長出不等長度的針刺，形同風力的導流板。螺旋葉序及葉緣針刺不是阻擋風力，而是將風力分流，轉向成大大小小的亂流與旋渦，借力使力，讓分散的細緻風力自行抵銷、化解。灌進林投灌叢內的氣流，又打滾向流入處溢出，形同在空汽水瓶平放，人要將瓶口的羽毛吹進瓶內通常不可能，因為一吹氣，瓶內的氣體外送，將羽毛向外流出。

　　已知林投可能是所有植物當中，最能有效化解風力的物種，堪稱為「風之太極」。

/ 4-2 / 風之太極：林投

1984年8月22日所拍攝的風吹沙砂丘植被，由馬鞍藤、海埔姜及林投等為主要的社會。

林投（1983.5.7；龍坑）。

龍坑強風地段，林投形成的樹島，外觀上類似最高海拔的玉山圓柏樹島（1983.11.21；龍坑）。

恆春半島東海岸林投可爬上海拔百公尺以上，形成大面積的「風成社會」，也就是由強烈的東北季風所造成的，只有林投是最佳的適應者（1984.9.6；鹿寮溪）。

拜律溪地區的林投風成社會（1984.9.6）。

林投莖幹強韌（1984.11.21；龍坑），耐風搖。

林投葉背及緣刺（1984.10.7：風吹沙：陳月霞攝），緣刺大小不一，形成導流板的機制，分解、化解氣流的力道而交互抵銷。

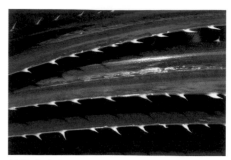

林投葉表及緣刺（1984.10.7：風吹沙：陳月霞攝）。

火燒後林投幹（1984.10.8：龍坑），林投是耐火植物。

林投果實海漂傳播（1984.11.22：墾丁：陳月霞攝），是典型的海岸植物。

林投雄花穗（1984.8.21：龍坑：陳月霞攝）。

林投成熟果實（1985.1.30：龍坑）。

北海岸來自溫帶的流浪者之歌——避夏族的故事

/ 4-3 / 風吹沙砂丘植群剖面

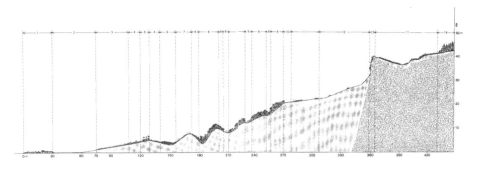

風吹砂砂丘剖面：5×450m²，S255°W

植物優勢社會編號－1：外灘；2：前灘無維管束植物帶；3：馬鞍藤優勢社會；4：海埔姜／天蓬草舅／馬鞍藤優勢社會；5：文珠蘭優勢社會；6：苦林盤優勢社會；7：混生社會；8：林投優勢社會；9：濱刺草優勢社會；10：蒭蕾草優勢社會；11：海埔姜－天蓬草舅優勢社會；12：海埔姜優勢社會；13：珊瑚礁岩植物；14：木麻黃造林。

/ 4-4 / 無根藤與海埔姜

　　砂灘或砂丘背海出現的第二種植物常是海埔姜，它是馬鞭草科的植物，如同該科的許多物種，葉子都兩兩對生，不只葉對生，枝條對生、根系對生，就連影子也對生。通常聽到「影子也對生」，大家都會笑出來，但是，人們「笑」出來的理由千奇百怪，包括：打破慣例、違反常態，或是如羅曼羅蘭（法國文豪）說的：「愈少的完美，就有愈多的自由」的弔詭，或是近世理性主義抬頭之後，對於非理性、無邏輯的連結的嘲諷，或是所謂「無厘頭」（香港次文化）的笑話，「族繁」不備載，然而，有一類的「笑」，很是深沉幽微，例如先前提及的「龜毛、兔角」，或對本來沒有的東西，給予富麗堂皇論述的假議題的「精緻的愚蠢」，或嚴肅的說，是謂法喜，這是除卻妄相，如是如實觀透自心的「笑」。

佛、禪不離世間萬象，可以破涕地笑、可以悲慘地笑、可以非笑而笑，凝視著海埔姜的實體、影子而笑。笑，是心智的短路；太嚴肅了，是耽溺在某種死胡同。

　　砂丘是物理現象的「過動兒」，就像人們的五感六識，風向轉變了，原本的砂粒走光了，砂丘當然消失，是謂情緒；風向又改變了，可能另在不定因緣處，堆聚或大或小的新砂丘，無論如何，質能不滅、動能守恆；心緒變化，充其量提早終結鐘擺，而擺盪的幅度愈小，是謂修養，今人說是 EQ 管理；說得有「學問」些，是謂調伏其心，但後者不止於表象，而是找出究竟之道。

　　生活在砂丘的植物，得耐掩埋（忍辱），也得撐得住被掏空（匱乏、貧困、一無所有、無常劫難），根系砂粒盪盡的乾涸、烈日，海埔姜的祖先歷盡天擇，許多植株個體擁有如此的本事，卻還有搭乘海埔姜「便車」的無根藤。

海埔姜著果（1990.8.14：台中港）。

海埔姜常生育於砂灘第二植物帶或砂丘（1984.5.4：風吹沙）。

猜一猜，這片海埔姜到底有幾株？它可能是同一株的許多枝梢，因為飛砂將其下部掩埋，只剩枝梢在上。

遭砂堆掩埋後，許多枝葉致死，有些則抗衡更久的時程。

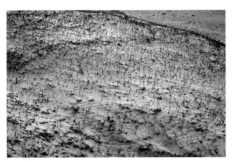

掩埋時程超過臨界值，幾近全數枝條，甚至全株都可能致死。

後來，砂丘的砂粒被風力淘除，出露了原本的海埔姜植株，此時，它未必死盡，如果迎來及時雨，還可再生！目前為止，研究者尚不知它可耐掩埋多久而不致死？

　　非關道德、是非、善惡，地球生命 46 億年的天演，只有發展到人類，所謂「衍出性的特徵」才告大肆發揮，也就是從物質、物化現象，進展到生命、生物的組織層級系列中，每個上一層級的功能、特性，具有其下各層級的所有功能與特性，卻又多出其組成分所沒有的特徵與功能，簡化地說，

這株橫走的海埔姜所在砂丘正在被風力刮走砂粒、出露根系，看得見「葉對生、枝條對生、根系對生，影子也對生」。

1+1>2，無機物、物化現象頻常是 1+1=2，到了生命則多出了生命的衍出特質，抽象意識、複雜的思維、探索一切的意識及意識本身，或身、心、靈等，都是「衍出性」的特質。

　　爲維持群體所設計出來的行爲規範、價值判斷與依歸，是一類特定族群、時空背景下的典範，包括倫理、道德、罪與罰等等，然而，自然界無善非惡，人卻傾向於把自己的遊戲規則強加在自然生命、生界之中，當然有好有壞，然而，如果更究竟衍出性特質的最深沉的核心，或一切的根源，也許可以超越人文社會中如上述的價值判斷或分別識中的二元對立現象。這些多是深層哲學的議題，在此之所以贅言幾句，只是提醒，面對自然生界的現象，我們最好先是「如實觀之」，而後，再一步一步的辨證；不必急著替動植物下達人文價值觀的硬套。

　　海埔姜除了與無機環境因素對抗、適應之外，有時候還得遭遇寄生植物如無根藤的侵蝕。

　　當海埔姜萌長新葉，光合作用到一定程度，便有充分的資源開花結實。然而，有時候在特定因緣際會，寄生物種的無根藤種子在旁側萌發，它，被歸類在樟科；植物體形成攀纏蔓藤的它，找不到典型的根，所以被叫做「無根藤」；它，葉片退化爲幾乎沒作用的鱗片狀，很快就脫落掉；它，植物體就是黃綠色的蔓生莖，莖上每相隔一小段距離，會有吸器的產生。這些吸器，接觸其他植物體之後，會吸附在被攀纏上的植物，例如海埔姜的葉片，把自己的導管跟海埔姜葉片內的導管接通，吸取海埔姜的水分與無機鹽類（礦物質），同時，吸器上還有一類絲狀細胞，專司吸取海埔姜身上的養分。就海埔姜而言，一旦被無根藤群團附上，不消個把月，盡成枯乾一片，細看，有些驚悚！

　　等到吸盡海埔姜的精髓之後，無根藤具足能源且早已發展爲龐大群團而交相纏盤，再也沒有食物、水分可以吸取的同時，它們開始開花、結實。一俟果熟階段，無根藤族群團也枯乾、死

亡，雖然一般植物介紹多說「無根藤是多年生寄生植物」。

　　無根藤的寄生並無專一性，碰上可以「吃」的就「吃」，從蕨類到單子葉植物毫不「挑食」，甚至於也會自噬，自身莖條相互「廝殺、吸食」，此間關係尚待進一步研究。而一般認為它是寄生，然而由其莖條的淡綠色推測，它們應該具備若干程度或階段，也會自營或經營光合作用。

　　如此「恐怖的」物種，「幸虧」只出現在海岸，十足陽光曝曬的地帶。

　　以上描述中，打上「」符號的字眼，正是明顯人的價值系統或人的觀感，強加在植物之上者，我們在形容萬事萬物萬象時，免不了如此賦予「主觀的」判釋，也往往「未審先判」，造成龐多「冤案」，因此，科學發展史上，不斷力求「客觀化」，細節包括科學論文不得使用「我」字，只能寫成「作者、筆者」之類，無非隨時隨地自我提醒：必須保持客觀超然。

無根藤莖悄悄地伸進海埔姜上。

如此的發展，形成了 1940 年代暨第一顆原子彈在日本炸開之前，人們對科學的讚美，且科學界「相信」科學的「蒙頓標準（Mertonian norms）」，也就是科學「典範」的五大標準：

A. 科學是群體的，科學是公共財。

B. 科學是普遍性（律）（universalism），科學知識沒有特權，任何人都可創造。

C. 科學是為科學而科學的；科學是中立的。

D. 科學具有創新性，科學是對未知的發現。

E. 科學具足懷疑性，科學家對一切存疑、質疑。

極其殘忍的原子彈炸開來之後，乃至 60 年代，「科學家的科學」與「人類的科學」兩大陣營展開了大對決、大論戰，也就是 20 世紀下半葉，科學哲學的反思之後，科學的「聖潔與光環」開始破碎，有「好的」、「壞的」科學；科學充滿政治性、意識性；科學哪來客觀？有秘密化的、軍事化的、性別化的、特權化的、金權化的、官僚化的……，故如反核者宣稱：「為了操控像核能電廠如此龐大複雜的科技，政府不得不獨裁」，也延伸出「反核就是反獨裁」的偏執，等等。

於是，從事科學探索者，至少必須具備對科學的五個面向做分析，且深入瞭解：

A. 科學研究的主題。

B. 科學的方法。

C. 科學的知識。（以上三議題是謂科學的內在分析）

D. 科學研究的動機。

E. 科學研究者本身。（後兩議題是科學的外在分析，或科學社會學）

以上，只是簡約說明在二元對立的分別識下，永遠得不斷地反思，這是必要的涵養；科學社會學者 Kuhn 宣稱的「科學是典範的轉移」，事實上普遍見於人類種種文化的變遷，最通俗的現象，便是所謂的「時尚、流行」，以及人的世代之間的衝突與適

無根藤莖上的吸器黏附到海埔姜的葉片。 海埔姜的葉片被吸食後的白枯化。

全面海埔姜的族群被無根藤覆蓋，鯨吞蠶食。

海埔姜被噬盡後的一片枯褐。

吃光海埔姜之後的無根藤進行開花、結實。

無根藤果熟後，植株也枯死，生命隱藏在種實之中，等待合宜環境再度遄遞、輪迴?!

應。

　　生物的生、住、滅、傳承與演化，有無目的、意義、終極旨趣？有些生物學者把一個生物體之有沒有意義，界定為有沒有留下子代，也就是說，這個個體的基因有沒有留在族群的基因池（gene pool）中，成為判斷這個體的意義，約略等同於「不孝有三，無後為大」、「生命的意義在創造宇宙繼起的生命」，然而，這樣

的觀念是否就是「純生物性」的見解？人種呢？歷來許多對人類文化、文明有過卓越貢獻的人都沒有子嗣、後代啊，「此所以」蔣介石的名言上一句說：「生活的目的在增進人類全體之生活」，用以對仗、突顯人文演化，是可以超越生物性的層次？

　　生物、生態學家似乎謹守著科學的典範，「偏向」唯物觀點地解釋，生物將取得的資源、能源使用在三大面向：維持自身生命；成長、成熟；以及繁殖。自身不能活下去，其餘是多餘，行有餘力，才成長及繁殖。

　　分析其將資源分配在這三面向的比例，讓研究者宣稱，生物若採取較大比例在生殖者，是謂 r-selection，也就是多子多孫策略；若著重在子嗣的精壯、不易夭折或夭折率較低的，叫 K-selection 的精兵主義，而且，同一物種在環境嚴苛時，會改採生殖比例較高的策略；環境條件較佳時，則回到茁壯自己的策略。

　　許多植物的確呈現如此的傾向。但是，生命沒有定律（law），只是傾向。

/ 4-5 / 文殊蘭的空間佈局

　　普遍被栽植為庭園、花塢的本土砂丘、砂灘植物文殊蘭，也因此而野外族群幾乎被洗劫一空，而約在 1990 年之前，海岸地區常見其時空佈列的族群。

文殊蘭抽出粗長的花序柄，先端的花序苞片打開，許多花朵正要開花。

開展中的文殊蘭花朵。

子房膨大為果實，重量逐漸增加，而花　果序仆倒在砂地上。
（果）序柄也逐漸老化。

果皮腐化剝落後的種實以重量緣故，通常不會移動。

大約隔年春雨後，種實就地萌長新株。　如此，以果序倒地而新株萌長，造就出為
　　　　　　　　　　　　　　　　什麼文殊蘭在砂灘上的族群，植株與植株
　　　　　　　　　　　　　　　　之間，大多維持相接近的距離。

　　經由時間的過程，我們理解文殊蘭族群的空間分佈；透過空
間秩序，我們也可推溯因果與時間的關係。時空及生物遺傳的差

　北海岸來自溫帶的流浪者之歌——避夏族的故事

異，以及龐雜有機、無機因子的連鎖交互相關，正是生態研究切入自然萬象的途徑之一；佛法之因緣法，幾乎同義，但更加上無可逆料的龐大抽象內涵。

/ 4-6 / 珊瑚礁海岸林

全球最複雜多樣的森林生態系即熱帶雨林，然而，即令赤道南北緯 23.5° 之間，熱帶雨林區的海岸，仍然受制於海岸環境因子的囿限，因而熱帶的海岸林又名「簡化型的熱帶雨林」。

台灣以北迴歸線穿越，南部地理上，平地屬於熱帶邊緣，姑且不論氣候條件，就植群而言，屬於典型熱帶雨林的物種以茄苳最具代表性，而海岸部分，台灣恆春半島漸進式珊瑚礁上的棋盤腳與蓮葉桐，的確是該等海岸林在地球分佈上的最北界，它們的存在，跟黑潮及恆春半島南端的地形有關。

地圖上恆春半島的南端狀似高跟鞋，鞋尖是鵝鑾鼻；鞋跟是貓鼻頭；內凹處為南灣。於是，黑潮北進，以及每天潮汐，在內凹處常出現迴流；於是，包括鯨魚、南洋漂流來的種實，很容易在南灣等凹陷圈打滾、著陸或鯨魚迷航。此所以日治時代，曾經在南灣設置了台灣唯一的捕鯨漁港；而南灣至鵝鑾鼻海岸線一帶，曾經存在「棋盤腳─蓮葉桐熱帶海岸林社會」，日治前後，以開發緣故，只剩下香蕉灣一小處原始的該海岸林，1984 年劃歸墾丁國家公園的生態保護區，為台灣留下一旅熱帶風情。

奇怪的是，墾丁海岸上自日治時代迄今，不時看見海漂而來的椰子果實著陸，台灣島上也人為栽植不少的可可椰子，卻始終不見可可椰子在台灣海岸天然自生而出。

近年來，可能因為全球暖化的緣故，在恆春半島、東南部大武沿海，已發現栽植的可可椰子樹下，天然萌長出小樹。

可可椰子一向是熱帶海岸地景的標誌。

至於分佈最廣的海岸林即欖仁社會，只因人為植栽太多，分

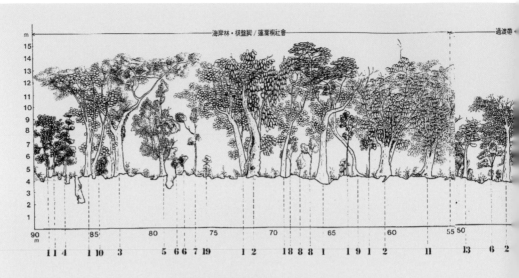

香蕉灣海岸植被剖面：7×90m²

植物編號－1：蓮葉桐；2：棋盤腳；3：茄冬；4：山柚；5：皮孫木；6：紅柴；7：銀葉樹；8：咬人狗；9：欖仁；10：林投；11：大葉雀榕；12：黃槿；13：葛塔德木；14：臭娘子；15：毛苦參；16：土沉香；17：草海桐；18：水芫花；19：月橘；20：白水木。

不清天然或人為。

　　海岸林植物的最主要生態特徵之一，種實來自海漂。

　　親近山林不只是智性、知識（系統），而是視神在所造物中，因為我們的五感六識、性靈意識本體，都是來自山林天演所衍生。我們不是宣說美好，而是讓美好的根源宣說，只要任何人願意傾聽自己內在的心音，好讓天籟打開時空天機。

　　香蕉灣如今殘存的這片海岸林，讓我們從海向陸，瀏覽天造地設。

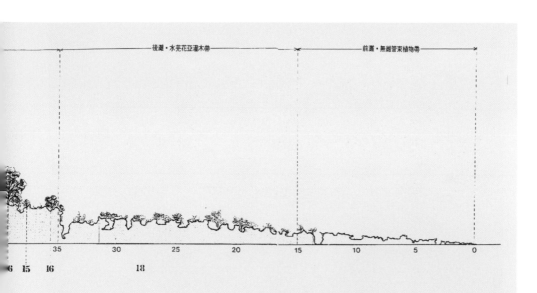

35 30 25 20 15 10 5 0

6 15 16 18

香蕉灣位於後灘珊瑚礁岩上的亞灌木水芫花族群，植株低伏於風切面之下。從這張照片可以看出隨著由海朝向內陸，植物愈來愈高，至海岸林的高度為止。

這群大學、研究生從低伏到舉手，乃至拋帽，模仿風切面的由低至高，而以海岸林喬木的高度坐收。

水芫花是珊瑚礁岩上第一植物帶的灌木，它在蔽風處可以長高到3.5公尺或以上（最高紀錄在綠島大湖漁港的東北段，2014年9月3日調查），但在香蕉灣盡低伏於風切面以下。

/ 4-7 / 棋盤腳

　　棋盤腳這俗名的命名，是日治時代所產生，因為其果實頗像日本人製作的圍棋盤的四隻腳，像形而名，換上現今，不會有人如此取名。又如漸進式珊瑚礁岩的橫向之間，常有隔溝，彷彿1970年代暨之前，台灣女學生的制服之一的百褶裙，於是礁岩所在地被稱之為「裙礁海岸」，同樣的，也不會有今人如此命名。如果爭論何者名稱才「正確」，是否為「無謂」的爭執？

　　不只如此，你可順勢推衍，數不清人生的「無謂爭」，從莊子的「名實未虧而喜怒為用」、「見山是山、見山非山、見山又是山」或《金剛經》的「即非弔詭」等等，大抵都是古賢人智者，在提醒世人，可以免除自囿囿人的比喻、暗示或示唆。棋盤腳不是棋盤（的）腳。

面海海岸林的第一排喬木棋盤腳，衝風的枝葉還是遭受風切面的「風剪作用」，而成枯枝。它們是在風力不強的時程中長出者。

　　棋盤腳在蘭嶼被稱作「魔鬼樹」，生人除非迫不得已，都竭力避開，因爲棋盤腳樹下曾經是人死後，浮葬置屍之地。

　　棋盤腳通常在夜間開花，晨曦之前，花瓣及雄蕊掉落，它的傳粉多賴夜行性的蛾類代勞，但是我們不會說：「爲了讓夜蛾傳粉，棋盤腳在夜間開花」，「因爲，所以」的說法也是偏執，否則拉馬克對上達爾文，各自的演化論對決的結果勢必重寫。

　　「彎彎曲曲的樹，把它當作彎彎曲曲看，不就直了?!」；「直承、如實」說得輕鬆，心念的轉換愈是理性、有知識、有學問，愈不易？

　　事實上，棋盤腳每株樹、每朵花開花或掉落的時間、時程都不一樣。

　　棋盤腳每朵花的雄蕊眾多，雌蕊單一，所以曾經被戲稱爲

棋盤腳花苞（1984：墾丁）。

棋盤腳的花絲400條以上，展開後下垂，而後再充水上揚。

棋盤腳再度揚起的花絲。

棋盤腳接近盛開時分。

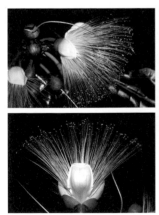

棋盤腳夜間盛花。

「男朋友最多的花」，而「多」是「多少」？計算 2 朵的結果，分別是 404 及 432 根雄蕊。不必再算有無錯誤，因為是 4 的倍數，所以無誤。

　　單子葉植物的花瓣等，通常或正常是 3 的倍數；雙子葉則是 4 或 5 的倍數。自然界充滿數字的傳奇。

有些棋盤腳落花部分至隔日仍然保持良好（2006.10.29：墾丁）。

棋盤腳一般在清晨前花絲及花瓣掉落。

棋盤腳初果（1984.7.11：墾丁）。

棋盤腳果實多變異（1984.1.20；蘭嶼）。

棋盤腳熟果（1984.1.20；蘭嶼）。

可海漂傳播、萌發的棋盤腳小苗。

棋盤腳名稱取義於像日本圍棋盤的桌腳；
1999年筆者訪問原日本人伊藤忠，搬出
日本圍棋桌。

棋盤腳果實類似棋盤「腳」形，從而訂名
之。

/ 4-8 / 蓮葉桐

　　香蕉灣海岸林另一位喬木主角叫蓮葉桐。它的葉片心形盾狀，厚紙質，葉面如同打了蠟，富光澤。其實怎麼看都不像「蓮葉」，也不像「梧桐」，無妨，指月之指不是月，何況蓮葉桐？

　　蓮葉桐的小花序通常是 3 朵單性花，1 雌 2 雄，但是，雄花開時雌花不開，雌花開時雄花已凋，似乎有種防止「近親交配」的機制；演化上多些變化，有助於多變環境的汰選。

　　花的總苞片彷彿一個圓盤，長成果實的過程中，逐漸膨大，像個燈籠包圍起果實。掉落時，因為果實對著總苞（在果實期可以叫做果托）的開口，以重力緣故，落在水面時，常常開口向上，活像個小水缸，可以漂浮流浪。其實不管上下，都可海漂。

前岸的海岸林可以蓮葉桐為優勢（1984.12.11；香蕉灣）。

位於小灣的蓮葉桐大樹（1984.8.20）。

蓮葉桐小花序具3朵花，2雄1雌，雄先開花（1984.8.22；香蕉灣）。

蓮葉桐初果（1984.8.22；香蕉灣）。

蓮葉桐熟果的總苞膨大（1984.11.25；香蕉 蓮葉桐（1984.11.30；香蕉灣）。
灣）。

蓮葉桐落果（1983.5.7；香蕉灣）。 蓮葉桐落果可海漂（1984.6.11；香蕉灣）。

　　1960 年代及之前，台灣有許多古典歷史小說，其中一本是《精忠岳傳》，說是岳飛尚在襁褓期時，故鄉遭逢大洪水，母親抱著他，母子塞進一個大水缸，被洪水漂流，終而得救。看官就別問水缸的材質、大小了，「小說」不是一向強調虛構嗎？不妨將之看成放大的蓮葉桐果托，戲劇性更佳。

/ 4-9 / 北、東北海岸獨特的植群

　　古話說「麻雀雖小，五臟俱全」，跳蚤呢？細菌呢？病毒呢？親近自然，如同復返我們「心的故里」；靈鷲山心道師父楬櫫「靈性生態；生態靈性」，大致上是由禪定中，連結時空中的萬物萬象，了然萬法同歸方寸；愛護花草樹木、鳥獸蟲蟻，等同於愛惜

自己的身、心、靈，而且，心靈是超越時空萬物萬象的自在自由，當然對生態系中網網相牽、脈脈相連的動植物，任其自由自在地生活、生長與孳息，不會予以干預，遑論剷除或改造它們。

於是，位居東北角雪山山脈拔海的第一座山頭靈鷲山，便有了天道自我復育、復建的機會，也就是生態學上所謂的次生演替，自由自在地發揮，而不出3、40年間，回復到了這片土地本來真面目的初階，不久之後，可望重返原始森林的「楠海世界」。

所謂的「楠海世界」指的是，整個靈鷲山的終極群落，就是楠木類喬木的大本營；山系向海的中上坡段，以紅楠社會為最大優勢，下坡段及溪溝以大葉楠社會獨佔繁華；如果森林有所破壞，次生而出的，是香楠社會，三者都是楠木屬的大、中喬木。另外，在背海的山坡，可以發展出長尾栲的櫟林社會。

每年春天，山系的外貌，由茂盛紅楠的族群，吐放近乎滿山的紅潤芽苞，一盞一盞鼓鼓的葉芽苞，彷彿台灣人嗜食的滷（魯）豬腳，故而紅楠又名豬腳楠，坊間如是說，究其實，紅楠的芽苞一點也不像滷豬腳的外貌，此間，隱含有人類感官識覺的交流千變萬化。視覺顏色的刺激，轉變為嗅覺的滷香，再連結成「豬腳」而來。

佛經等，為明細詮釋人類心識、運作的種種，不得不劃分眼、耳、鼻、舌、意等六識，如同西方醫學的分工分科，腦部區塊專司各項功能的劃分，或如左、右大腦分別職掌理性與情意等等。然而，此等分析型的分別意識，很容易誤導人們，忘卻人從來是一個不可切割的完整的人，可沒聽說過有人左、右大腦分割而可存活！

不同顏色存有不同色溫，冬天人們喜用溫暖色系的燈泡；各種感官識覺從來統籌於一心之幻變。從紅楠到豬腳楠都是感官識覺的流轉。而禪，正是要直搗心識示現或應現的究竟之道，觀破妄相、直取根荄或本體，但本體超越感官識覺、意識、潛意識或

無以名狀的阿賴耶識（第八意識或西方所謂的靈魂）。

靈鷲山的天然終極森林楠海世界，隱藏有植物界禪門的無門關的意象，或示唆的象徵。事實上，任何場域都有其自身的底蘊，以及啓發人心的竅門，端視人心如何自觀。

就在靈鷲山大殿側，或是建築群周遭的岩壁隙，每逢冷颼颼又十足潮濕的東北季風雨籠罩下，一種海邊植物石板菜正在萌長。

台灣久來接受溫帶文化的教育，春芽（春耕）、夏花、秋果、冬藏，何況東北角的淒風苦雨，一山冷冽、霧雨茫茫，體感溫度在強風逆襲下，人們更直想被窩裡鑽。

此等季節中，一群多年生的草花群，卻兀自展開年度的歡愉，昂首虛空。這群冬萌物種，從海岸潮間帶的石蓴、綠藻類，翠綠得把海與岸永恆的拉鋸填平，養眼養意，而讓人心曠神怡，以美的橋樑，連結陸海空與靈魂的通暢無礙。然後，海灘草花群的物種，例如：濱蘿蔔、濱當歸、濱剪刀股、茅毛珍珠菜、密葉黃菫、矮筋骨草、台灣蒲公英、糙莖麝香百合、台灣百合在東北角的生態型，以及上述的石板菜，還有分佈不限於東北角的金花石蒜等。

依人們慣用語，這群多年生物種「逆勢操作」，選擇一般物種冬藏的「慣習」而逆轉，雖然各自合宜的節氣生長不同，共同的特徵是在酷熱的夏季隱匿。而如此反向操作的天演，成爲東北角生界的一大特徵。

關於台灣海岸的植物生態，我們就簡介至此。

傳奇避夏族篇

一北及東北海岸的特殊物種

1、「限制因子」的限制

　　我的退休金是「地板價」的地下室，每個月 2 萬 5。準此標準，我不能開車，不得上中等價位或以上的館子，但是，純粹靠退休金，我足以過活得很好；依據 2 萬 5 換算出來的物質，我以 2008 年前往印度時的估算，接近 4 億的印度人平均每個月花了台幣不到 360 元，則我的退休金可以養活 70 個人！以原始人的狀況估算，我一個人耗損的資源、能量，足以養活大約 1 萬個原始人或以上。感謝退休金，讓我活得「闊綽」不已！

　　生活中，當我想要花費些「非常態」的開銷，當然處處受限制於有限的收入，但是我不能說：「我的退休金是我生活的限制因子」，因為古典生態學「明確」地界定所謂的「限制因子（limiting factors）」：某一個或一些環境因子逼近或超過某生物的忍受度，而阻止或阻礙該生物的生長、生存、繁殖、擴散或分佈時，這個（些）因子就成為「限制因子」；如果，透過人為控制下的環境做實驗，求出某因子對某生物的生命現象的相關數據，就足以明確表述；如果對特定因子的反應，逼近對該特定生物生、死的臨界，則更能反映出其分佈現狀的可能性限制。

　　然而，真實世界或自然界的環境因子，聯動複雜的變異，因子與因子之間，對生物而言，有交互抵銷、加成、互補等等動態的關係，沒有任何人為設計的試驗等同於真實世界，更且，「限制因子」概念脫胎於「最小量定律（Law of Minimum）」、「忍受度定律（Law of Tolerance）」等，是在近代史上科學主義、科學決定論間接的影響下，唯物論的觀點，是一類「過時、霸道」的人為偏見，事實上，生物學、生命科學是沒有物、化科學所宣稱的定律（Laws）的！生命遵循物化原理、定律，但生命本身超越科學主義、機械論的內涵，否則不可能發生現今生界的演化。

　　生命科學、生態學所謂的「限制因子」，只是籠統的傾向、

原則，甚至只是常識性的歸納，不是定律，更非眞理；「相關」也不是嚴謹的「因果關係」，然而，「限制因子」的說詞，使用時機或狀況龐多，或說「很管用」，因爲它不精確，而人們絕大部分狀況下，多糊裡糊塗的，可以溝通已經很不錯了，遑論「事實、眞相」。

人們多相信言之成理，而不在乎掛一漏萬，更不用說事實、眞相。

這是簡要而必要的提醒。太多使用「限制因子」場合，是出自常識性或經驗的判斷。雖然「事實」如此，如同歸納法不能導致眞理，卻是很管用的常態思考方式或途徑。

2、不可思議與不思議，不得不思議
——北部海岸有一群溫帶海洋性的「吉普賽」

南北不及 400 公里、東西最寬不到 150 公里、面積小於 3 萬 6 千平方公里的台灣，卻坐擁北半球 3 分之 2 以上的生態系類型，以將近海拔 4 千公尺的山系，藉由多次冰河時期生界的遷徙，收容溫寒高山植物（alpine plants），以迄熱帶雨林，總成八大生態帶的多樣，且山山不同、地地互異，就以低海拔山區爲例，北台是以楠木類爲主的「楠海世界」；南台則分化爲東南區的「櫟林王國」，以及西南半壁的年週期「旱地植群」，而海岸地區，雖然可依主要的五大環境類型海岸植群歸類：1. 砂灘植群；2. 東台海崖植群；3. 紅樹林；4. 珊瑚礁岩及熱帶海岸林植群；5. 大甲、大安溪淤泥潮間帶植群（大甲藺及雲林莞草植物社會），但是，尚可進一步從生態特性、物種成分再予析論。

全台灣砂灘海岸植群的共同結構及組成是：馬鞍藤第一植物帶，接著爲海埔姜矮灌木帶，然後進入林投灌木帶，之後爲海岸小喬木或海岸林帶。然而，這是亞熱帶台灣島接納自上次冰河

期結束後，特別是 1850 年最後一次小冰期結束，而氣候加速暖化，泛熱帶海岸植物或植群漸次在全台海岸發展出來的基本植被型。

然而，在北台及東北台，東海岸以及各離島，凡是承受每年東北季風低溫雨霧區影響較顯著的立地或環境，保留了一群溫帶海洋性或海漂種源而來的物種及其所形成的群落，而且，由於洋流海漂不斷帶進隨著氣候變遷的種源，溫帶海岸物種演化出更能適應高溫的族群，也不斷地在台灣海岸落腳或入籍，另一方面，以人為引種數量及多樣龐雜，台灣海岸地區在過往約 40 年來，外來入侵物種已經盤佔了大部分的立地，目前以大花咸豐草為代表，但其他物種龐多，而與溫帶元素處於甚為複雜的動態演化洪流之中。

過往台灣植物研究史上似乎未曾對北台植群，特別是海岸這群夏枯型的植物，進行生態等面向的討論？也未曾有扣住重點的詮釋或瞭解？至少文獻上並未確知。

而 1、20 年來，楊國禎教授斷續關注此等議題，新近多次告知筆者，且捎來其見解：「在多雨而大氣潮濕、陽光微弱的冬季萌長，夏季高溫、陽光強烈、大氣經常乾燥且少雨的時節則消失，東北台就有這麼一群獨特的植物，例如潮間帶的石蓴等海藻、與內陸生長期相反的台灣百合、糙莖麝香百合、金花石蒜、濱當歸、濱防風、濱蘿蔔、台灣蒲公英⋯⋯等，它們在東北季風來臨時的時節開始生長，春天開花，梅雨季後地上部枯死⋯⋯，其中，金花石蒜是在秋天先開花，冬季生長營養葉，夏季則地上部枯死。」另則，加補一些冬季濕冷期開始生長的物種舉例：

「(註：只加上上述未列出者) ⋯⋯密葉 (花) 黃菫、濱剪刀股、茅毛珍珠菜、矮筋骨草、濱旋花、石板菜、白花馬鞍藤⋯⋯」

物種當然不只這些，但上列物種，大致上已涵蓋春花的主要地景。又，楊教授在其 FB 上的各物種介紹，有時會強調「推測

是最後一次冰河的殘餘」；筆者探討台灣自然史，一生研撰台灣植被的時空變遷，對現今植被的事實，當然也是以 1 萬至 8 千年前以降，視為最主要的背景。

然而，過往萬年來還發生多次的小冰期來回震盪；海岸地區又是陸域最不穩定或動態變化最劇烈的地帶之一；再則依據筆者調查植群 48 年的經驗及樣區數據，一、二十年足以「天翻地覆」而植群面貌全非，關於海岸植物 (群) 的討論，引述萬年，未免河漢、大而無當，毋寧以海岸植物或海岸林的基本特徵，也就是種實通常藉由海洋上的漂流而來，不只沿岸流、親潮、黑潮及東北季風，還有每天的二次漲退潮，等等，特別是冬季的中國沿岸流。

2021 年 8 月中旬，日本小笠原群島的海底火山爆發後，大量火山浮石及火山灰在 11 月底就湧到台灣，浮現在東海岸、北海岸，基隆外木山漁港的多艘漁船因浮石而受損。而恆春半島的風吹砂景觀區，海岸及潮間帶也都被浮石大量覆蓋。

理論上及曾經發生的事實，台灣全島海岸線必然隨時、逢機出現海漂的種實，能否上岸、萌發與否，乃至是否拓殖入籍，則取決於環境因子的總體效應，以及種實自身的條件。

海岸地形的海灣一方面聚砂，另方面自亦可能留下海漂的種實，此所以古典植物生態學對海岸植群的定義，最重要的特徵便是種實或種源係海漂傳播者。

因此，溫帶海岸植物的種實，可以經年累月來台是沒有問題的，但能否拓殖，端視各地的限制因子而定。

接著，就全台海岸環境的條件，最足以提供溫帶海岸物種存活或季節性存活，首推北台、東北角及台灣東部。

筆者無法說因為北台、東北台的東北季風雨霧與這群溫帶性物種群的必然因果關係，畢竟生物學、生命現象很難說成「充要條件」，甚至演化論在表象上，都曾經被諷刺為「套托邏輯」。然而，在常識、常態性的歸納，只能藉助如此的說法來突顯台灣這

群植物的生態特色。

　　據上，在此界定台灣島北暨東北海岸植群（物）要義如下：

A. 在林口台地至約北關連線之北，以面海第一道主山稜以降的廣義海岸植被為範圍，其海岸線上下，存有一群亞熱帶化的、台灣化的，溫帶性海岸植物。

B. 這群台灣化的溫帶性海岸植物，主要係拜海漂種實而來，因應東北季風雨霧、低溫期而萌長，建立營養生長，而於梅雨季節之前後開花結實，或在相對乾旱、高溫、長日照的酷夏之前完成生活史。它們進行在地環境或生態特色的演化，發展出避夏型的一年生、二年生、多年生等等生活型；它們族群的基因池當然恆處於同環境分化相應的變遷當中，因而形態上富饒多變異，諸多分類群（taxa）恆處於變動中，更且，夥同不斷上岸的新外來種源、植株，存有複雜的關係。

C. 古典植物地理學、生態學存有所謂「泛熱帶分佈（pantropical distribution）」，也就是包括新、舊熱帶，兩個半球的熱帶合稱，例如相思樹屬的植物就是泛熱帶分佈者，造成這類分佈的現象，海流及熱帶氣候當然是背景主因，相對的，北台這群海洋性溫帶植物或可謂之泛溫帶種群。

D. 這群海洋性溫帶種群以北海岸為分佈中心，並朝向東台、離島或鄰近陸域之生態等價的生育地發展，無論種源由北海岸漂流而出者，或由台灣之外的海流帶來，分別在北海岸及其他生態等價地逕自隔離而趨同演化而出者。

E. 這群物種應由今在或將來新進的北海岸植物一一檢視其分佈、種種生態特徵暨其限制因子的試驗而得出，從而給予實證數據、程度等第，夥同在全球分佈的實況界定而出，目前，可先由常識經驗性，以及進一步調查，從北海岸現今存在的所有物種，一一檢驗其分佈中心、全年及跨年物

候狀況暨微生育地的相關，歸納出其「全光譜」，因爲自然界現象多呈連續變異體，罕有黑白斷然二分的界線。

F. 海岸、海邊植物（群）的定義從陳玉峯（1985：2023）之海灘植物（即後灘植物）、前岸植物、海岸植物、外灘植物（例如石蓴等綠石槽綠藻等）、海岸植被及內陸植物（被）之劃分。

上述定義主依空間分佈、立地基質含鹽度等限制因子，以及植物族群的分佈中心之所在來劃分，尚可依立地基質作輔助性的定義（陳玉峯，2023，177頁）。

G. 相應於溫帶北海岸植物（群），面海第一道主山稜大致即海岸植被與內陸植被的過渡帶，此一過渡帶暨後方山坡的中上坡段，以來自日本的溫帶性紅楠爲植被的主體，而紅楠社會主要的分佈區，正是東北季風雨霧低溫影響最顯著的立地，而背風面則以殼斗科長尾栲、錐果櫟等的北台生態型爲主的林型。紅楠社會正是亞熱帶化的日本溫帶林，在內陸領域南延至桃園石門水庫四周山稜上仍然佔有絕對的優勢，但在海岸地區自林口台地以南，以「新竹風」之抵銷作用，不復北台海岸植物（被）型，改以耐風的朴樹爲指標特徵。

H. 北台紅楠爲指標的「楠海世界」，以及北海岸的溫帶性海岸植物群，正是台灣在低海拔迄海的溫帶植被的在地特化現象，也是北台生態最重大特徵的生態系內涵，正是北台（生態）學之鑰。

（註：現今植物分類學所指的紅楠「包山包海」，包括中海拔的阿里山楠、南部及東南部生態型的紅楠，很可能不恰當，筆者認爲北台及離島的紅楠應是最後一次大冰期島弧相連時期，自日本、琉球群島南移台灣的族群的後代，應予遺傳物質進一步地檢核後，重新檢討分類學的地位。）

I. 避夏族在台灣的分佈，很可能在1350~1850年的5百年小冰河期間，遠遠較現今廣潤，甚至全台灣海岸地區都可

「見及」，1850 年以降，以暖化緣故，集體或個別向北遷移。20 世紀初葉，中、南部可能尚有若干分佈，約 1920 年代以降，大致已集中在北海岸了。近數十年來，北進速率加速，2006 年筆者的調查研究宣稱 1978~2006 年間，西部海岸指標物種向北遷徙了 30~80 公里，更且，全台海岸大約 9 成地區被外來入侵物種大花咸豐草等盤佔。今之北台海岸植被地景，應是近 2、30 年來，人為植栽及反覆維護、補植的暫時性成果，當然，自然演替的力量也始終在調整。

3、大自然不容許我武斷，卻永遠賜予我驚喜與慰藉
—台化日人*濱當歸*

　　如果有人望字生義，把濱當歸比喻成海邊望夫早歸的婦人，誠乃一絕。濱當歸從根、莖、葉、花果序、全株，粗壯勇猛的樣子，在海岸草本的行伍中，無疑是「巨人」，而且英雄氣短，生輻有限，從多雨霧期發芽、生長，到春季花、果，乃至夏枯，全株完成生活史後死亡、消失，全程可能不及一年。然而，種實的生產、傳播、萌發等，交錯在時空環境因子的總和及機率，種實基因的變異，夥同立地條件或微環境因子的天差地別，造成植株個體向環境「挑戰」的龐雜可能性，無常是生命必然的「宿命」，「宿命」中卻殺出無窮的可能性與例外的事實。

　　幾乎所有生命的現象，都可以舉一例證，否定通稱或歸納法的結論，20 世紀偉大的科學哲學家卡爾・雷・波普（K. R. Popper，1902-1994）的「否證法」，相當於宣稱歸納法不能導致真理，但他可能沒料想到世人濫用否證法無上、下限。

　　在此，並非要以「否證法」去否定一般描述植物的「一年生、二年生、多年生」等古典生態學或生活型的描述，只是要提醒歷

來吾人對植物的敘述，大部分是只憑藉極其有限的樣品，「掛一漏萬」的描述，加上這些名詞及其界說的依據，大致上來自或起源於溫帶地區，一旦到了亞熱帶、熱帶地區生命大爆發的世界，這些名相便會不敷使用或無能盡意，遑論對植物觀察的模糊籠統，等而下之者則胡抄亂湊。

古典生態學生活型對一年生植物的區分有兩大類，一為夏型；一為多型（越冬生，winter annual），且一年生植物的生幅（life span）差異也甚大。而所謂二年生植物，一般指該植物是在 2 個年度內完成生活史者，通常是第一個年度完成第一階段的營養生長，然後休眠過冬，第二個年度則同時進行營養及生殖的生長，然而，所謂二年生的植物，其實它們的生幅可能只有 3~4 個月，連半年都不到。二年生的物種不多，它們是在特定環境條件下，天演的暫時性成果。

回到濱當歸的世界。

濱當歸（Angelica hirsutiflora）過往被認為是「多年生」的台灣特產種，也有人認為它還不足以形成獨立種，應當劃歸跟琉球所產的「日本當歸毛花變種」為同一個分類群。無論分類群（taxa）如何劃分，濱當歸最可能是趁著東北季風及洋流的翅膀，從暖溫帶日本、琉球群島等地，西南漂來台灣東北角登陸，設立門戶、入籍，雄霸北及東北角的海岸地帶。

每年東北季風雨霧中，種實開始萌發；東北季風的末期，約 3~4 月間開花，以 2023 年為例，5 月上旬花期結束，而晚開花的植株大致在 5 月中、下旬收尾；5 月中旬進入果熟期，6 月結尾。有些植株在 5 月中旬已經完成生活史，而全株枯褐，經拔出根系檢視，整個根系已然枯死。

富貴角後岸的濱當歸族群，果實屆熟而全株在進入5月中旬時，由下往上漸枯褐
（2023.5.12）。

同樣在富貴角後岸的這株濱當歸，先由上部枯黃褐（2023.5.12）。

同樣在富貴角後岸的多株濱當歸尚屬翠綠（2023.5.12）。

台2─36.3K附近，後灘與前岸之間濱當歸的族群已經進入果熟且植株不等程度的枯死期（2023.5.12）。

這株已枯褐黑的濱當歸，經拔起主根系證實全株已死透（台2—36.3K；2023.5.12），似乎已可說明過往植物敘述說它是「多年生草本」站不住腳？也有人說枯死後的植株尚可長出新側株？有待全面檢證。

再一株下部先枯黃的植株（台2—36.3K；2023.5.12）。

另株即將枯死的濱當歸（台2—36.3K：2023.5.12）。

有株濱當歸的花序中軸上的小花序先行開花結實枯褐，而下側所有挺高的分生花序果尚未褐枯（台2—36.3K：2023.5.12）。

濱當歸繁多的花序、花果不全然成功受孕，枯褐或成熟的果實似乎沒有一定的順序（台2─36.3K：2023.5.12）。

台2—36.3K里程標誌（2023.5.12）。

　　5 月 12 日的北海岸漫遊，逢機瞧見甚少數的濱當歸植株開花，就整體族群而言，是謂晚花者、殘花，但不知晚花植株的結實率有多少？其子代是否具有更高耐熱、耐旱度？歹竹會出好筍，好竹也會出歹筍，整體或平均比例不能代表必然；趨勢或傾向，也不見得是潮流。

　　電影的話：「生命會自行找到出路」，可以是絕望者最後無能時分的放棄，卻可鼓舞尋常人心。只有倖存者、幸運者才能說些風涼話。客觀的生命道場只有生死存亡，死亡者仍可示現生機。一粒麥子落地，死了，就不可能結出繁多的子代。宗教的死亡絕非死亡，某種層次、境界沒有生、住、滅；自然哲學絕非哲學，只是自然（或本身）。

　　濱當歸也可以是必當歸去所來自。它的晚花，是在「俞家肉

粽燒酒螺」隔馬路對岸的海邊，較蔽塞處的一矮株，雖然是大花序的盛花期，卻是怎麼看都是有氣乏力。夥同台2沿線多數的殘花，似乎因為時序高溫，導致不克結實也未可知。

所謂的微生育地，對於海岸相當於初生或次生演替前階段，是必須依日期，估算出陽光直射日週期的總量，夥同溫度的測量一併考慮。春秋分到夏冬至的年週期連續性變化，必須做出一個標準參考週期表，然後，以各植株所在的微環境做出相對性的比較，但是，自然科學的相對客觀度是必須，生命卻常不按牌理出牌。另一部原住民電影中有句話：

～自然界有時候這樣，有時候那樣～

濱當歸的晚花（2023.5.12）。

不是告訴你無可適從，而是一種態度或涵養。

而「避夏族」最好由太陽角度及溫度模式圖來界定部分內涵。

4、榮枯寫實生命的劇照—滿地小星星的石板菜

現今北海岸的植被地景，幾乎全面是人爲植栽的產物，加上殘存植群的相互競合，人擇與天擇下，夥同氣候、地文的變遷交纏，但不知人擇植栽的「續航力」有多久？人擇施業後的植物，又能發揮多少的在地馴化程度？

就全台海岸線上下的人擇植栽而論，北台公權力或單位算是最能聽得進「專家、學者或民間」的建言，大量種植了所謂的原生植物，至於是否符合各地眞實生態環境及原始狀況下的植群，雖屬未必，在各面向的斟酌下，只能予以肯定或讚美。

石板菜就是人擇措施下，如今「泛濫」的地景植栽之一，不僅在水泥駁崁上掛網栽植，在土石邊坡或陡峭斜坡，到處一塊塊、一帶帶地「張貼」，有時候難免「成也石板菜，敗也石板菜」，因爲石板菜本來就是多生夏枯的「避夏族」物種之一，春花誠然美麗，酷夏則一地焦土，未免也大殺風景？其實自然界不會「掛一漏萬」。

景天科的肉質草本石板菜，現今使用的學名、分佈的敘述（一說分佈於全島海岸岩石），我認爲都有問題。我的理解，它比較是典型

靈鷲山上的石壁隙，2022年12月4日的冬雨霧中，肉質湯匙型小葉片的石板菜長出。

東北季風雨霧中的物種，從東北亞分佈到東南亞，東北季風流竄區的指標物種之一。

北海岸台2公路兩側駁崁等，到處掛網栽植石板菜，形成黃色的春、夏之交即景（2023.5.12）。

2013年5月12日的石板菜盛花景中，有些植株開花頂盛，有些植株果熟、老化，即將枯萎避夏。

它以東北季風雨霧為存在的前提；它是廣義的海岸植物，種子萌發於 2022 年 11 月底，12 月初即見雨霧中的小苗欣欣向榮；2023 年 2 月下旬，早花的植株零星；3 月下旬進入盛花初期；4 月頂盛；5 月上旬已有植株已然完成生活史，而 5 月也是由盛轉向終結的衰退期，故而一般植物物候的描述，大致上標示花期為 4、5 月，而其榮、枯的對比強烈，至於美不美，有時候得看流行的風潮。

人為掛網栽植石板菜族群中，蔓藤漢氏山葡萄、入侵種大花咸豐草開始入據。低矮草本的石板菜將因中、高體型的草蔓，或其他次生演替物種入侵而消失。石板菜的生態區位如其名，位於岩盤岩隙演替初期的嗜陽先鋒第一波次的元素，拜藉立地條件而短暫時程寄存而已。

後灘、前岸交界的人造堤岸下崩坡，看不出是否原先人為栽植，或天然長出的石板菜族群，伴生有濱當歸、茅毛珍珠菜、野牽牛等（2023.5.12）。

石板菜屬於岩生植被、初生演替、東北季風雨霧區，低矮先鋒的物種，藉助岩生環境其他物種不易著床的限制，為其時空的生態區位。一旦壤土、有機物質累聚，其他植物發展，石板菜即將式微而退出舞台。在自然環境中，以岩塊裸露、崩塌等逢機發生，其種實可靠藉風浪、流水或純風力而傳播、流浪，逢機運而完成生活史。

5、茅毛珍珠菜的時空花束

我相信 19 世紀、20 世紀前葉，茅毛珍珠菜的足跡可能因為上次小冰期（1350~1850 年）結束後，大地的戀情餘波蕩漾，尾隨暖化，茅毛珍珠菜的花束由南向北熄燈，現今只集中在北海岸，少

春夏之交，北海岸妍美的花束叢由茅毛珍珠菜擔綱（2023.5.12）。

茅毛珍珠菜除非主莖軸受損，否則通常由主軸直立擔綱，基部側生主枝為輔，共構植株及族群頂端的花團錦簇（2023.5.12）。

多株茅毛珍珠菜毗鄰可共構花團錦簇（2023.5.12）。

數零散見於離島、東台的些微生態等價地，綻放小冰期時代的榮景。

　　擁有海邊植物特徵之一的肉質化全株，光滑潔淨，枝葉敦厚、秩序工整，頻常生長得很是恭敬的樣子，總狀花序開花初期，頻常群聚如花束，一叢叢圓滿狀的花盤，如同大地新娘，捧花向海天獻禮，蔚為北海岸春天、初夏，地景燦爛的錦繡。

　　筆者於 2006、2007 年環台灣島一周，全面調查海岸千餘公里，事隔 17 年，海岸植群的變化真是翻天覆地，許多地區「面目全非」，而 2023 年北海岸的植群，基本上是多重人工植栽後，暫時性的呈現，茅毛珍珠菜、石板菜、濱當歸等現今春花重點，應是近年來的人為地景。而原本的馬鞍藤等砂灘植群反而式微，

而包括 2007 年之前所未見的諸多外來種增加甚多。其中，如「風箏公園」地區，大種特種天人菊等，事實上背離了自然生態系運作的模式或內涵。凡此人擇的介入，筆者只能沉默向天。

6、溫帶風情畫的濱旋花

　　儘管造物主賦予濱旋花的生態特性已是貼地避風、匍伏莖隱藏於砂地之下，卻叫它那吹彈可破的合瓣花冠碩大高抬，以致於只有在風力低於特定程度的日子，它的繁殖才能成功。

　　貼地是避風的最佳策略之一，因為風力大小跟離地高度的平方成正比，理想狀態下，離地 2 公尺是 1 公尺處的 4 倍。通常可由一地植物的高度解讀風力的大小，而海岸植物的高度往往形成一個平滑曲線面，筆者將之定義為「風切面」(陳玉峯，1985；2023)。而且，由海向陸域吹送的風力是平行於海平面的，一接觸陸地的下部氣流，立即因為摩擦力的緣故而速率變慢，其上的氣流較快，於是，靠近地面、由左向右吹送的海風一上陸，立即呈現順時針方向的滾動氣旋，筆者曾經到綠島施放煙霧觀察風力議題的結論之一。

　　而砂灘上的風切面，正是滾動氣旋夾雜大小砂粒磨切出來的平衡面。

　　無論如何，濱旋花伏地的硬質小葉片耐風磨，但出現相對巨大，質地卻很脆弱且高舉的花朵實在不合理，不只質地，就連顏色質感也「弱不禁風」，如此的搭配，筆者假設它的生殖策略，落在年度平均最靜風的季節。而它的果實可由雨水帶向海面，漂流向彼岸。

　　如此設計的濱旋花浪跡天涯，從歐洲、亞洲到大洋洲，帶著溫帶的風汛，到處流浪，而在台灣的北海岸，形成該溫帶物種的東亞分佈的南界。只能禮讚：造化神奇！

溫帶風情的砂灘物種濱旋花（2023.5.12）。

隨著入夏氣溫升高，開花結實的同時，濱旋花的葉片也漸次黃枯化而消失（2023.5.12）。

北海岸來自溫帶的流浪者之歌——避夏族的故事

濱旋花的容顏；筆者對「美」的形容之一：美，就是感官識覺及思維系統的瞬間短路。

位於下坡段人植的黃槿，相對靜風季生長枝葉花果；盛行風季被風切面磨剪高度約7、80公分（2023.5.12）。

中坡段且位於風切面後段的黃槿人工林，盛行風季風切面的風剪高度只約2、30公分（2023.5.12）。

　　濱旋花是多年生的蔓性物種，匍伏莖通常都在砂灘下，只在冬春合宜的季節，配合東北季風雨霧期，開展年度的新枝葉，探首天空而出冒。完成生活史之後，再度隱沒於砂堆下。

　　目前在台灣，它被人們歸類於「NT，接近受威脅」的植物。然而，只要人為破壞、干擾收斂些，「神出鬼沒」的濱旋花，滅絕的機率很低。

7、白花馬鞍藤與政治

　　台灣走入近代文明史以降，20世紀之前即更替了4個政權，此間，隨著自然資源與物質文明的變遷，關於動、植物的利用或引用自是天差地別。而從鄭氏王朝以迄清帝國統治的大約235年之間，跟政治、宗教相牽連的本土植物，大抵以海岸植群爲主，例如台灣海棗、林投、白花馬鞍藤等等，台灣海棗不僅後來成爲海邊人家的製造掃帚的材料，更成爲鄭氏王朝時代，台灣人家戶祭拜的主神玄天上帝，遶境出巡時，神尊轎前必有一婦人拿著台灣海棗葉做成的掃帚，左右晃動，代表或象徵掃除一切邪穢的神器。不只如此，在神話故事中，急水溪是一條盲龍，九彎十八拐入海，經常山洪暴發、洪峯釀災，直到南鯤鯓山出現一株白色的桄榔（即台灣海棗），它無風自動，搖擺打旗語，指揮急水溪水的流向，有秩序地入海而安然無恙。這株神奇的台灣海棗，就是象徵鄭氏王朝的帝制倫理，讓原本無政府主義的台灣人走向文明教化，不再暴走無序。後來，出了一位「失德的和尚」，砍倒了這株台灣海棗，台江鬼哭神號三晝夜，急水溪再度成爲危害人間的盲龍（陳玉峯，2013，《蘇府王爺》，前衛出版社）。「失德的和尚」指的是哪位歷史人士，誰都知道。

走莖耐砂掩埋，逢時上展枝葉，鳴奏一曲生之歌。

甘薯、牽牛花、空心菜等等都是旋花科的植物，它們的花苞乃至開花過程，花筒都是旋轉生長與開展。

白花馬鞍藤並沒有精彩的神話故事，但它也被安排成象徵鄭氏王朝純潔的倫理德性，而隨著「沉東京、浮福建」（鄭氏王朝覆滅，台灣改隸福建管轄），白花馬鞍藤就在台南海灘上滅絕了。

白花馬鞍藤並沒有馬鞍般的葉片，只因它的乳白中央花筒泛鮮黃的花，花形酷似馬鞍藤，生態區位（niche）又與馬鞍藤相重疊，於是，古人瞧見馬鞍藤堆中有乳白花，一看是不同物種，因而叫它爲白花馬鞍藤，植物學家似乎未曾聽聞神話故事，中文俗名另取爲「厚葉牽牛」。

白花馬鞍藤並沒有在台南「滅絕」，近年有人再度發現它的「現踪」，事實上，它是來去自如，而且是取道海上，理論上，台灣本島與離島都是它的客棧或驛站，人們刻意要保存它，甚至栽培、移植、劃設保護區，不是不可以或「好、不好」的問題，而是該認清它在生界的角色扮演及其生態特性，而不是將之視爲保育明星，誤導了大眾的分別心，毋寧尊重自然韻律，讓自然如如自自然然，佛法的精義之一何嘗不然，回到心的故里，無分別意識的本體。

其實，大多數海岸物種如此，是海民，是海上的流浪者，當它們在岸上繁衍子嗣，種實則流向海上，浪跡天涯。走了，會再回來；留下來了，也是一時，弄潮兒天生如此。

少一點支配欲，多一份自在自然心。

乳白花筒中鑲黃暈，潑出一頃單純的意念。

8、濱蘿蔔的種不種、型不型？

　　分分合合的生命世界最困難釐清的議題之一即是「何謂物種？」，常常一定義就死在句下。現今地球上的幾乎所有生命都不是單獨獨立的，人們常誤以為的「一個種」，就只以你身上任何一個細胞為例，細胞中的胞器之一的粒線體，不僅是該細胞合成 ATP 的化學工廠，它自身具有自己的遺傳物質及遺傳體系，許多生物學家推測也相信，粒線體的前身，應該是一種古老的生物，後來，被其它生物「併吞合體」了，再經由漫長時空天演，永遠地傳承到絕大部分的生物體，只不過無能證明罷了。

　　生物學、生命科學、演化學與唯物科學如物理、化學之間存有鴻溝，特別是演化學不能實驗，演化學在方法論上，是演繹的結果，不是歸納法。簡單地說，演化學的產生，是西方科學發展史上，嘗試由近代科學的途徑，去合理解釋為什麼地球上會出現如此富饒多樣的生命單位（分類群，俗話都說成種、物種），卻又因為無能掌控無窮變數、生命永遠變遷，以及生命在本質上異於物化之可歸納出定律，達爾文之創發出演化的概念，基本上是旅遊、觀察到不可思議的生界現象，運用豐沛的想像力，勾勒出半套符合近代科學概念的說辭，再由無數後人加油添醋，去建構出來的抽象系統而已，卻又牴觸傳統物化科學的基本主張，幸也不幸地被多數現今世人所盲從。

　　筆者在體制內受教育，接受的當然是這套「人之學問」，但絕非生界「事實」或自然實體的「事實」。之所以在此提出說也說不清的生物學、生命科學或演化學的困境，原因在於古典植物分類學者說濱蘿蔔「這種」植物，是市場上白蘿蔔的原生植物的變異，所以目前的學名是白蘿蔔原種之下的一個「型」，而白蘿蔔、白蘿蔔的原生種及濱蘿蔔都是同一個物種，而中文另有野蘿蔔、長羽裂蘿蔔、青蘿蔔……，夥同不同學名及其種下亞種、變

種、型等，從原始始源種、自然朝各不同地理區分化或演化出的亞種，乃至同一地區的變種、各局部特殊生育地的生態型，加上人擇栽培很複雜的人文歷史之介入天演，人種培育群逸出，再回頭雜交天然種群及再演化等，族繁無能載，而今，人們「只能」服從「訴之權威」的誤謬，因為在理性、言語、認知的層次，人們沒有其他方式可以替代社會或文化的約定或不必約定即為俗的慣例，而世人通常也不會去質疑天文數列的無能質疑。其實，所有知識系統都是人心的示現、幻變及其不等程度逼近自然內涵的暫時性結果。科學以不同時代的不同典範或虔信在更替，然而，手機世代暨 AI 稱霸之後，人類的天演已經進入原始時代，任何概念都已顛覆，人類世也即將終結，不管依循何等途徑。不是悲觀、樂觀的幼稚二元論斷，而是大家至死也無法承認的「事實」。

傳統逼近人心、宇宙「事實、真理」的另一大途徑是「唯心」系統，在近世工業革命以降，表面上此起彼落蓬勃再發展，也切中人類文明、文化發展的弊病或根源，承擔起救贖的最後希望。而宗派、支系龐雜的這類宇宙、生界關懷，存有共同的特徵，也就是整體論、合諧一體的共生觀，雖則形式上從沒有強調、沒有詞彙，到直接揭櫫。

我從自然科學、唯物科班，走進自然，半個世紀走了下來，走到的，就是唯物、唯心合流處的沒有唯物、沒有唯心的共同體，雖然無以名狀，我只是藉著濱蘿蔔的十字花瓣，說著說不出來的，不是悲憫、不是知識系統、不是人學，什麼也不是的一句話：我們從來都是一個種，整個地球但只一種時空生靈的映象。

濱蘿蔔跟蘿蔔的長相難分彼此，但其直根系並不像白蘿蔔那樣膨大可食；我第一眼瞧見它的十字花，不管什麼形態學，直覺聯結的是高山森林界線之上的，早田香葉草！打從我 1981 年 11 月 15 日首度調查玉山頂，深刻的印象：形相上，台灣高山與海岸的生命，簡直是異地的趨「同」演化，兩個極端的環境，長出

濱蘿蔔展花容顏與我照會的瞬間，教我「山通大海」，高山與海岸的印象一體成形。

同一張臉譜 ?! 這類「相似度」通常不是花數（4及5的倍數是雙子葉；單子葉是3或6）、不是子房上下位、不是演化樹親緣的相似度，毋寧說是生命的「氣質」雷同，不論界門綱目科屬種。

　　濱蘿蔔一樣萌長於冬季東北季風雨霧中，春季盛花、結實，它的長角果抑揚頓挫，滑劃一個個 S 型的瘦腰，成熟的程度就寫在綠色消褪的漸層上。

　　它的分佈，從日本、琉球到台灣的北海岸，偶而也會造訪東海岸、離島，或說東北亞的海漂族成員之一。

　　濱蘿蔔的生態區位介於海灘及前岸之間，相符合於它的體形，或可歸於前岸植物。

濱蘿蔔花果量豐，5月上旬已進入果實漸趨成熟期。

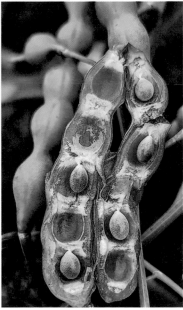

濱蘿蔔的長角果一
節一室，住著1粒種
子。

9、太平洋格局的浪濤兒濱防風

　　最有名氣，隔著太平洋而存在於北美及東亞的巨靈即檜木，那是因為檜木的祖先原本存在於 6 千 5 百萬年前暨之前，亞洲與北美洲陸塊還連在一起的時候。後來，約自恐龍快速滅絕的時代，陸塊漂移、亞洲與美洲分離，一些檜木的祖先到了北美太平洋邊的山區；另些到了東亞日本。直到大約 150~137 萬年前的冰河時期，藉由島弧相連、氣溫大降而生物南遷，日本的扁柏與莎哇拉來到了台灣，再經由百多萬年以上的，跟隨台灣島地體變遷一齊演化，發展出扁柏與台灣紅檜。如今，太平洋東、西兩岸，也就是北美及台灣、日本，成為檜木的存在地。

　　截然異於陸域上的運輸，靠藉近世以來的洋流，海漂散佈於太平洋兩岸的「衝浪族」之一，也見於台灣北部、東北部海岸，以及離島的濱防風 *Glehnia littoralis*，它的種小名就直接標明它是海岸植物。

　　筆者未曾檢視從阿拉斯加到加州海岸，也不清楚西伯利亞、韓、中、日本的濱防風，是如何的生活，或形態、生理如何，因而撰寫全書時，心就「虛虛的」，我們都明白，沒有人可以事事檢驗、物物查核，人們只能分工合作、彼此信任。於是西方生產知識系統的流程，便是組成各種專業的社群、學會，形成複雜的組織、運作，發行學報流通，而且，最重要的是，這些專業社群盡一切可能，不受政治、社會權力的染指或支配。如此的專業化科學研究，直到第二次世界大戰期間，美國的原子彈製造，首創由國家提供研究計畫經費、主導，自此，科學研究正式化、體制化、公開宣稱「不再純潔」！現今過往，台灣的國科會、科技部就是這樣的產物，也「理所當然、合理合法」地支配絕大部分所謂的研究計畫、發展方向、考核制度，或簡化地說，支配研究人員事業的「生、死」。

未曾檢證過的現象，心會「虛虛的」，詳加檢證後，心則更「虛」，這面向議題，包括康德在探索的「知識如何成為可能」等等哲學問題，人的認知、現象學、科學哲學等等無窮大的議題。

自砂灘下往上出冒的濱防風羽葉，其「防風」其實是貼地避風。

　　我們最好，也應該深入瞭解、感受、體悟我們「心」的運作機制，以佛教而言，大致是透過聞、思、修，「聞、思」殆即在知識、義理的研究探討，「修」則透過禪定內觀的實證功夫，試圖逼近終極性的境界。

花謝初果的濱防風。

複合繖形花序彷彿掄起星芒錘，卻是靠蒼蠅傳粉。

回到世間現象或世間法的層次。

濱防風具有三出葉至三出羽狀複葉，是多年生的肉質草本，在東北季風雨霧期開始生長，而有試驗指出，濱防風種實等，「在濕潤與低溫條件下，發芽佳」，暗示其乃溫帶性元素。

它的直根主根系，過往被視爲中藥「北沙參」，歷來被濫採；據說，日本曾刻意保護，台灣的花蓮農改場乾脆引進外國的種源繁殖，提供東部農民種植。

10、潮間帶季節性的綠地毯

　　植被生態學從植物地理學、植物分類學獨立而出的時候，懷抱著一類幼稚的天眞或單純，很具理性、理想化的方式，創生了一些現今還在使用、我也跟著使用一輩子的字眼、名詞，以及那根本就不存在的、眞正相符的事實或情節，例如一點創作力都沒有的初生演替、次生演替等，還叫做專有（業）名詞地，煞有介事地下定義。它們本是「虛構的小說」，卻扼殺人們的想像力、創作力。植物經由植物學的描述，便成了一堆死物，生態學也就成了死態之學。

　　植物本來就是生命的一大類，流亡於大地時空的浮浪者，稍微拉大、加寬尺度，就可相對性地「活」了起來。

稍大面積的綠石槽地景，注意浪頭裂解力道的地形，以致於藻類可以群聚附著（蔡嘉陽提供）。

當我為本小冊題了那樣的書名，我就是扼殺了創生性，事實上生界連綿不絕地「流亡生滅」，我只是因應我們該死的慣性、標榜了渺小的相對性，於是，本來都在變遷的現象，便有了影像短暫的定格，一禎照片。然而，一幀照片、一幅畫作，如果不能

在所謂的「風稜石」右側湧進來的漲潮浪頭。

綠藻能否大規模繁茂，取決於潮間帶前緣岩層之化解大部分浪潮的力道。

有了前緣岩層的化解浪潮力道，後方的潮間帶潮水和緩湧入。

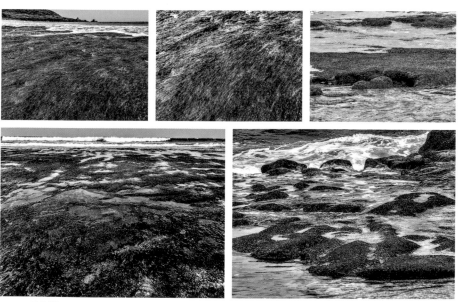

毛毯狀的綠藻層拜和緩潮水、溫和陽光及年度較低溫季，以及立地岩層之賜。

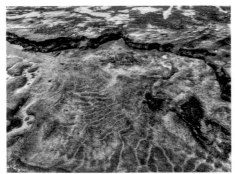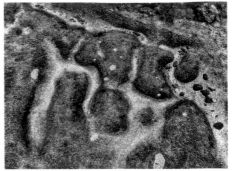

和緩潮間帶的微地形地景。

引發嶄新的創發力，便叫糟粕。

　　任何生命都是地球的藝術創作，因為永遠都在創作。

　　所謂「有名的」綠石槽便是這樣的畫作。其實，大大小小如此的畫作與作畫，環繞在台灣千餘公里海岸線生生滅滅，例如墾丁國家公園冬春季的石蓴地景。

　　之所以在老梅形成「綠石槽」，是得有些條件、因緣湊合，遠古時代，大屯火山群的熔岩流所形成的岩層，亙古以來同潮水侵蝕所形成石槽或岩岸正好處於如今的潮間帶；東北季風雨霧期與日二潮的期程交替中，陽光、溫度、潮水力道等等環境因子的總效應，允許種種綠藻群聚，形成年週期的一季繁榮，且在夏至之前完成生活史；或說，有機、無機環境，恰好足以形成週期性的地景，約每年 2~5 月期間完成。筆者於 2023 年 5 月 12 日 13 時 57 分抵達岸邊，正逢漲潮時分，且已淹沒絕大部分的綠藻區，因而無法拍攝較大面積的綠藻區，然而，也因漲潮的一道道浪頭，拍打潮間帶前緣的岩層，形成碎浪現象，教筆者推測，此等海岸之所以允許綠藻滋長的成因，必須加上潮間帶微地形恰好存有化解海浪力道的岩層區，以致於流進綠藻區的潮水沖刷力道大減，才允許藻類附著繁衍，蔚為稍大面積的景觀。而由蔡嘉陽博士空拍的照片，證明了筆者的推測。

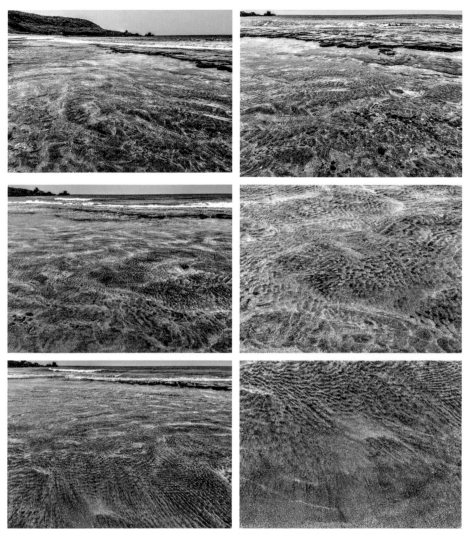

火山岩層後方的砂灘，經漲潮的海水淹沒，足以觀。「觀平緩漲潮時分，波浪經靠海前
端的岩層化解部分動能之後，湧流進來溫和的海水，清澈妍美，視覺美傳導成為心情的
三溫暖，所謂的心曠神怡；凝視著水流面下的砂灘紋路卻"紋風不動"，或說在視覺能夠
感受移動的程度之下，所以不動，而這些"不動"的砂畫，是上次或上上一次等等潮汐波
浪的畫作，愈是靠海遠端，波痕砂畫組愈是起伏相對劇烈，且每條波浪線(砂畫的波峯波
谷組應該與海水波浪組形成相反的鏡像對應或互補，反正相加為零就對了)被向下流動的
水流分流，流刮出一個個小凹陷。這些畫作，從微觀到巨視，瞬息萬變而加成總和即是
零，零的本質約略為佛法所謂"空性"的示現之一。眼觀或心象之為美或醜的背後，如如
不動的是能觀且能觀所以觀的本尊啊！」

11、大地的喇叭手：糙莖麝香百合

　　百合花就是一副喇叭狀揚聲筒，一向鳴奏著大地之歌，從海岸，直上高山，海拔落差跨越三千五百公尺，這是台灣百合。然而，分佈在北海岸的台灣百合，習性上已經北海岸化，加入避夏一族。

　　由於社會變遷，政經活動大爆發，人擇取代天擇，人工培

北海岸人工草皮上的糙莖麝香百合。

北海岸來自溫帶的流浪者之歌——避夏族的故事

北海岸人工草皮上的糙莖麝香百合。

育、雜交混植，攪亂了原本的自然秩序，如今北海岸到處的「台灣百合」植栽，其實是糙莖麝香百合（或稱鐵砲百合）。

天然時代，糙莖麝香百合分佈於東亞島弧，由日本九州、琉球、台灣及離島，以迄菲律賓，是海岸物種。也許暖化北上，也許海漂不斷南進適應，也許飛羽攜帶而異地傳播，總之就這麼一群物種，從東北亞到東南亞的海洋邊緣島弧，劃出一道道神秘的燈火或軌跡。

12、視覺「星群」簡譜
—台灣蒲公英、濱剪刀股、細葉剪刀股、南國薊、天蓬草舅、雙花蟛蜞菊、白鳳菜及其他

　　打開《台灣植物誌（Flora）》，菊科植物被排列在最後面的系列，不同學派對菊科植物在演化樹枝狀圖的地位，見解也雷同，總之，菊科是一大類「識時務、採機先」，很懂得活在種種新環境、空隙的先進族，然而，我不苟同有人說菊科是「最進化」的植物，那有可能是對演化或天演的斷章取義。人當然不是必要的存在；演化從來不是朝向完美發展；自然沒有人為的目的論，卻有人文哲學史上所沒有的「生命目的論」。

　　菊科（Asteraceae；古老者則保留 Compositae）是由模式屬 Aster 而來，而 Aster 字義是像星形，意即它們的頭狀花序像「星形」，然而，包括圖案、符號的星星、星形，都是視覺的錯覺，積非成是的歷史公案，大家也都知道星球都是圓球體。

　　簡單說，菊科多數物種是屬於演替先鋒物種，在諸多破壞、干擾地，憑藉其短暫時程完成生活史、帶芒毛瘦果乘風飄蕩傳播且果實龐多，還有許多物種改由沾黏針刺，附著動物而無遠弗

這2個頭狀花序下方的苞片（花序的萼片），先端有個勾起的結痂物或附屬結，像根細細的小湯匙，放大細看就不像。

屈、落地萌長，這也是爲何全台灣海岸千餘公里，大花咸豐草以不到 30 年時程完全攻克，形成如今頭號外來入侵種雜草皇帝的原因之一。

　　嚴格說來，菊科的分佈中心不在熱帶，也不在海岸（但台灣海岸如天蓬草舅等），種實並非靠海漂傳播，但在北海岸，一些菊科物種似乎也在東北季風雨霧低溫環境中，趨同演化。以下，簡介一些物種。

A. 台灣蒲公英

　　典型的避夏族或夏眠物種，台灣特產種的荒地雜草之一，它的營養葉集生於基座，如此一來，若生長在凹凸不平的土地上，人畜的行走很難踏死它，總有部分可保全植株續存，凡是這類型將葉片集生地面，也就是採取低伏「謙虛」策略，一方面被形容爲「耐踐踏」（其實是避踐踏）；另一方面則避吃食，食草動物因爲嘴型口器的構造，通常不會去啃食它們，只在生殖期才抽出擎高的花果序枝張揚，這是有助於子代飛傳更遙遠的地方。

　　台灣蒲公英與近 30 年來入侵台灣中、低海拔的西洋蒲公英外貌相似，但台灣特產體型小一號，頭狀花序（一般人常誤以爲是〝一朵花〞）的總苞片（花序的萼片）一片片的先端，有個結痂狀的突起，某個角度看，像根小湯匙。

完成生活史的台灣蒲公英撐起完滿的子代，每粒瘦果撐起「飛行傘」等待飛傳。

如今被列為紅皮書上的「瀕危」物種台灣蒲公英。

　　台灣蒲公英的分佈以北海岸為中心，但依筆者的生態群劃
分，它是內陸植物，而可延展至前岸；它是特化於東北季風雨霧
氣候型的內陸型小草本。

B. 濱剪刀股 *Ixeris repens*

　　被台灣紅皮書列爲「接近受威脅（NT）」物種的濱剪刀股是海灘植物，它具有肉質性深根系，被砂灘掩埋而蔓走的莖部可進行無性繁殖，到處蔓延，而在冬春季或低溫潮濕的季節向上長出三出葉，且在夏至酷暑乾旱前完成生活史，但也有記錄說是花期跨越 4-11 月，待查。

　　濱剪刀股分佈於韓、中、日、琉球到台灣北部海岸，澎湖、綠島等，也就是本書強調的溫帶物種之一。

　　Ixeris 這屬植物通常具有白色乳汁。

2個頭狀花序宛似「2朵花」，妍美而充滿生機。

從砂灘抽長出的花序。

3出複葉、花莖分別抽出。

C. 細葉剪刀股 *Ixeris debilis*

　　若不細看，細葉剪刀股、一般雜草廣佈型的兔兒菜（莖是直立的）、濱剪刀股、台灣蒲公英、西洋蒲公英等物種皆可魚目混珠、分不清彼此。

　　細葉剪刀股的莖通常匍匐在地蔓走，莖節下長根而無性繁殖。它的葉大致全緣或少數的淺鋸齒。它的分佈也是從溫帶韓、中、日、琉球到台灣，台灣一般只見於北部，是荒地植物，只是

匍匐延走地面的細葉剪刀股靠風力傳播。

北海岸來自溫帶的流浪者之歌——避夏族的故事

在富貴角燈塔區圍牆角落的細葉剪刀股。

展現亞熱帶化於台灣。依個人經驗，其數量不多，但存在時以其蔓走，讓人以爲它數量繁多，實則不然。北海岸見於鼻頭角、金山岬、富貴角燈塔區等，約是後岸植物或內陸物種。

D. 南國薊 *Cirsium japonicum*

俗名或南國小薊，學名的種小名即「日本產的」，它的分佈被籠統說成泛見於北半球，而筆者認爲這屬植物的分類一直都有疑問，未來或將再更動。它的分佈應該也是韓、中、日、琉球及台灣，在台灣則存在於海岸的前、後岸及山地內陸，並非狹義的海邊植物。

南國薊原本應該也是溫帶物種，在北海岸的族群較不受東北季

富貴角燈塔區僅見1株（2023.5.12）。

風雨霧的影響；原本廣佈而常見，如今少見，因為這屬植物以藥用緣故，被嚴重濫採。

E. 天蓬草舅

　　或名單花蟛蜞菊，典型海灘植物，泛見於東北亞到南亞，台灣全海岸都可能見及，但近2、30年來許多地域被外來入侵種或人為拚命種植「三裂葉蟛蜞菊」所取代。

　　由天蓬草舅全株的肉質性暨其排鹽吸水的機制，筆者認為其植栽的片段有可能海漂而跨海傳播。

　　本種並非「避夏族」，但在春花時節亦繁華，故而列此。

北海岸海灘地的天蓬草舅（2023.5.12）。

F. 雙花蟛蜞菊

　　典型全台性後灘附近的前岸植物，靠藉無性繁殖可形成大群落，而在東北季風盛行季，視所在生育地，若屬於衝風海霧區，則地上部將全面枯死，隔春乃至梅雨季再見繁華。

　　其分佈於亞洲、非洲、太平洋諸島，似乎也是海漂傳播者。

　　非避夏一族成員。

北海岸的雙花蟛蜞菊（2023.5.12）。

恆春半島塔瓦溪入海口後方，被東北季風鹽霧團滅地上部之後，再開始生長新枝葉的雙花蟛蜞菊社會（2023.4.17）。

G. 白鳳菜

由於相對蔓長而軟莖的白鳳菜當然是菊科物種，它的花、果、莖常因光量不足而伸長，因而常可見稀稀落落或台語「二二六六」地出現。

它是台灣的特產亞種（目前分類如此處理），並非海邊植物，但延展至北海岸前岸的林投灌叢或木麻黃人造林中。

它的花果期似乎呈現東北季風雨霧化，也就是在每年 12 月

北海岸木麻黃林緣的白鳳菜（2023.5.12）。　白鳳菜圓滿的果序，子代待風飛傳（2023.5.12）。

至隔年 4 月完成生活史。量少，出現頻度中等至少。

H. 其他

　　菊科植物在地景方面混同「避夏族」開花或結實者，例如在北海岸今之所謂「風箏公園」的植栽天人菊，蔚為人們拍照的熱點，筆者在 2006 年 7 月 30 日調查時，「風箏公園」的景觀工程作業已近尾聲，而植群是「海埔姜—馬鞍藤社會」、「茵陳蒿—海埔姜社會」、「林投灌叢社會」，那時，距海約 100 公尺處，人工種植瓊麻，而林投天然進入一部分，顯著的植物有茵陳蒿、桔梗蘭、肥豬豆、天人菊、濱當歸、濱防風、天蓬草舅、番仔藤、白茅等等，17 年後，呈現以人們刻意加大種植的天人菊，佔據顯著的地景。

人為種植及部分自生的天人菊。

已馴化的外來種三裂葉蟛蜞菊。

而金山到野柳長達約 3.5 公里的海灘，西北段是舊金山海灘；中段叫頂寮海灘；東南段是國聖埔海灘，分隔頂寮海灘與國聖埔海灘的地標，就是核二廠向海建構的數道人工長堤，2006 年間，人工長堤上方的草坪，以及附近地區的前岸，外來入侵種的三裂葉蟛蜞菊已經形成在地的「主流社會」(陳玉峯，2023)。

筆者只是稍加舉證，現今北海岸其實在約 20 年來，由人擇代替天擇，而全面淪為人工植被，當然也存有一些不斷伺機奪回立地的天然植群。

13、異味薰天的密花黃菫

罌粟科植物大致上以溫帶為分佈中心，是一群具有特定生物鹼、有毒乳汁的物種，最有名的，大概是製作鴉片、嗎啡等藥用植物的罌粟，而黃菫(紫菫)屬物種往往具有一類異味，堪稱為「有狐臭」的植物，密花黃菫亦然。

密花黃菫曾經被處理為台灣特產種，後來又被認為是存在於中國、琉球到台灣的物種，基本上是溫帶山地的植物，在台灣以北部、東北部、東部或東南部，舉凡東北季風雨霧首衝地，或生態等價的生育地，即可存在。它，不是海岸植物，只是在北台可

林投灌叢邊緣的密花黃堇族群。

密花黃堇的無限花序由下往上開放，它的花距長度約是整個花筒狀長度的5分之2。

密花黃堇的蒴果略呈一節一節的皺縮。

北海岸林投旁的桔梗蘭（2023.5.12）：據說它是有毒植物，汁液曾經拿來製作老鼠藥。

由內陸延展到前岸林投灌叢中。

　　它在北台約萌長於東北季風的寒冷潮濕季，梅雨季前完成生活史，且提前放暑假、消失。

　　也就是說，本書所謂的避夏族不只是海岸物種，也包括內陸溫帶型的北台氣候種群。

　　附帶說明一種低海拔山區百合科的林下或林緣種桔梗蘭，它是半蔽蔭的耐旱多年生草本，通常出現在山頂、稜線的相對乾旱地，筆者曾多次在甚乾旱的年度檢視，幾近所有林下物種都乾枯狀態下，桔梗蘭還是綠意盎然。因為此一生態特性，桔梗蘭可延展分佈至海岸的前岸生存。

14、琉球豬殃殃

　　明帝國時代的古人王磐記述豬隻吃食某種草會生病，因而這種草得俗名：豬殃殃，然而不知此敘述有無充分的證據或實驗？無論如何，這個怪異的名字留傳了下來，成為茜草科的一個屬 *Galium* 的中文俗名，其下各種也都稱為某某豬殃殃。這個屬的物種，多在溫帶。

　　琉球豬殃殃分佈於琉球及台灣。在台灣，它不是海邊植物，而是內陸或山地的物種。在北海岸地區或東北季風濕冷季節生長，同樣在酷暑乾旱之前消失。

　　它是細小型、不起眼的草本，葉通常 4 枚輪生，長橢圓至線狀披針形，全緣。聚繖花序上，著生 4 花瓣的小花。果具密集的小突起，容易附著人畜而傳播。

　　又是一種藉助冬季東北季風濕冷氣候而存在的溫帶性小草。

存在於北海岸前、後岸的小草琉球豬殃殃，量不多。

15、小海米

　　莎草科的小海米，從俄、韓、中、日，到台灣北部及東北部的海岸砂灘地繁衍，顯然是溫帶海漂傳播而來，北部台灣海岸是

其分佈的南界，但它的耐高溫、耐乾旱的能力稍爲強了些，一般在冬春季萌長，花果可跨越夏至，甚至整個暑假都可見及，例如1983年8月29日，筆者在宜蘭竹安溪入海口北岸，調查了小面積的小海米社會；清水岸則小海米與馬鞍藤共組社會。又，2001年筆者在澳底、鹽寮海灘調查34個樣區中，小海米存在於7個樣區中，約佔21%，或說5個樣區中存在1個，但其在樣區中頂多只佔第二優勢。

　　小海米在日本早在1784年即已採鑑；台灣的小海米則在日治時代登錄，1937年鈴木重良列出台灣的海岸植物935種，小海米存在於金山及仙腳石。

　　2023年5月12日，筆者在老梅溪口附近的海灘所見，存有稍具規模的「小海米社會」，伴生有濱剪刀股、濱旋花等少量。

海灘莎草科的小海米（2023.5.12）。

筆者認為 20 世紀初，其數量較多且分佈較廣，而隨著氣候暖化而北遷，2006 年筆者調查老梅溪口時，並無發現小海米，有可能是近年才又出現者。

以上，只列舉一些「避夏或夏眠族」或相關物種，說明北台及東北台的海岸特殊物種群，如前述，吾人理應調查、整理全數物種詳實的物候，且務必對其生育地的環境條件詳加釐訂，也就是說，由過往的植物分類學配合植物生態學，乃至儘可能全方位地探討之後，才可能深入瞭解北台生態學的內涵。本書只是在對台灣海岸生界進一步探討之前，拋磚引玉的小引，龐大的議題與問題有待研究，不只生態系的面向，乃至個別物種、族群皆然。而台灣素負盛名的球根花卉金花石蒜，秋天開花、入冬長葉，春、夏則枯萎休眠，也可歸為「避夏族」，卻又與本書界說的內涵有異。

又，本書書寫的方式，不再墨守歷來「規矩」，但隨筆者以為的整體論，信手一揮而就，只依 2023 年 5 月 12 日一趟北海岸之旅為據，呼應靈鷲山心道法師之倡導靈性生態，而法師是筆者迄今所知，最能

金花石蒜（謝春萬攝）。

聯結自然生界的宗教師，筆者但隨順，也許有天，可以從全境生態觀，對應法師對地球生界、無生界的救贖。

後記：又一個第十八年的巧合

　　2006 年 10 月 22 日，我獨自一人由二高接台 2 濱海公路，在澳底橋前停車拍攝大武崙漁港及白砂灘等海岸地景，當時，我正在調查台灣全島的海岸植群，打算完成《台灣植被誌》系列的最後階段。我停車拍照時還註記：「是基隆市大武崙山北方的澳底，不是貢寮地區的澳底」。

澳底橋前的石板菜植栽。

奇妙的是，2023 年 5 月 12 日，國禎帶路我開車的北台、東北台特殊植物群的拍攝之旅，循著台 2 公路，經安中橋後，立即被公路左上側護坡植栽，一片盛花的石板菜吸引，且隨後在澳底橋前停車拍攝。我停車處，前後 18 個年頭，應該是同一個位置，我回來後，對照著調查紀錄，才知道又是一個第 18 年的巧合。

　　說巧合，現實的因素是因為那個位置才能停車，但記憶已消失，我不確定 2006 年是否存有現今分隔島隔離的小小停車場。

　　今天我才領悟，18 年前我之所以憑感覺在該點停車，除了因為居高俯瞰大武崙漁港的視野使然，更進一層的背景因素，是因為該處正是迎接東北季風的風隙地形，難怪石板菜可以長得旺盛。

石板菜。

北海岸來自溫帶的流浪者之歌——避夏族的故事

　　古人所謂的地理風水、龍脈龍穴，除了天文、水文、地形、地勢之外，事實上從植被生態學的指標植物，可以解讀其中的奧妙，而且，更可以由植物的變遷，解析光憑地形、地勢所無法解析的氣候變化，或說穴位的走動。尤為形上或「神秘」的是，理性無能解釋的，場域、氛圍、氣場的消長或變動。

　　指標植物之所以能夠反映或示現總體環境的千變萬化，是因為它們分分秒秒的生長、呼吸，日積月累感應時程所帶來的，生命現象的總和。沒有生命在時空及環境因子加總的整體效應，是看不出永遠變化的結構性大因大果。

　　十七、八年前並沒有種植石板菜，我是沒有下一個第十八個年頭，屆時，也沒有石板菜。「我」會在另類非時空，成為氣場本身（尊）。

國家圖書館出版品預行編目 (CIP) 資料

北海岸來自溫帶的流浪者之歌：避夏族的故事/陳玉峯作.
-- 初版 . -- 臺北市：前衛出版社，2023.09
面； 公分 . -- (靈鷲山靈性生態學圖書系列；1)

ISBN 978-626-7325-37-7-(平裝)

1.CST: 海岸線 2.CST: 生物多樣性 3.CST: 生物生態學

366.9891   112012609

北海岸來自溫帶的流浪者之歌
―避夏族的故事

作　　著　陳玉峯
責任編輯　番仔火
美術編輯　Nico Chang
封面設計　Nico Chang

出 版 者　前衛出版社
　　　　　地　　址｜10468 台北市中山區農安街153 號4 樓之3
　　　　　電　　話｜02-25865708
　　　　　傳　　真｜02-25863758
　　　　　郵撥帳號｜05625551
　　　　　購書‧業務信箱｜a4791@ms15.hinet.net
　　　　　投稿‧代理信箱｜avanguardbook@gmail.com
　　　　　官方網站｜http://www.avanguard.com.tw

出版總監　林文欽
法律顧問　陽光百合律師事務所
總 經 銷　紅螞蟻圖書有限公司
　　　　　地　　址｜11494 台北市內湖區舊宗路二段121 巷19 號
　　　　　電　　話｜02-27953656
　　　　　傳　　真｜02-27954100

出版日期　2023 年 9 月初版一刷
定　　價　新台幣 300 元

請上「前衛出版社」臉書專頁按讚，獲得更多書籍、活動資訊
https://www.facebook.com/AVANGUARDTaiwan